知識ゼロでも
楽しく読める!

数学のしくみ

東京工業大学理学院数学系 教授
加藤文元 監修

西東社

はじめに

「英会話を学ぶように、気軽に数学を学びたい……」。こんなふうに思っている人は多いのではないでしょうか。

今から30年くらい前には、「これからの時代は英語がしゃべれた方がいい」と言われていました。学校で教わった英語を学び直すために、多くの人たちが英会話を学びました。英会話の教室もたくさんできました。そして、現在では英会話ができる人が格段に増えました。

そして近年では、「これからの時代は数学ができた方がいい」という声を、しばしば耳にします。IT化が進み、AI（人工知能）が私たちの社会や生活をどんどん変えていこうとしている現代においては、社会の隅々にまで数学が浸透してきています。そういう社会で生きていく上で、数学の重要性はますます大きくなってきました。そんな中、多くの人たちが学校で教わった数学を学び直したいと思っているようです。また、元々は文系で数学に苦手意識があった方でも、数学の面白さに改めて触れたい、と考える人も多くなっています。大人のための数学教室も

出てきました。そして、何十年か後の未来には、数学ができる人が格段に増えていることでしょう。

ところで「数学ができる」というのは、どういうことでしょうか？　いろいろな意味があると思いますが、結局のところ「英会話ができる」というのとあまり変わらないのかもしれません。たくさん単語を暗記すれば英語がしゃべれるというわけでもないように、たくさん公式を暗記すれば数学ができるというわけでもありません。たくさんしゃべってみることが英会話の学習において大事だったのと同様に、数学も「たくさん数学してみる」ことが大事です。そして、数学するための題材は、身の回りにもたくさんあります。

本書では、楽しく気軽に、でもまじめに数学するための題材をたくさん紹介しています。英会話を学ぶような気軽な気持ちで数学も楽しんでもらいたい。そういう思いから、面白い数学の題材を厳選し、わかりやすくていねいに説明しました。各項目ごとに、説明文のほかに多くのイラストを入れて、イラストや図解だけでも楽しめる内容になっています。

本書を手に取って、広大で深遠で、美しい数学の世界に第一歩を踏み入れてください。

東京工業大学理学院数学系 教授　加藤文元

もくじ

1章 知りたい! 数学のあれこれ …… 9▼78

3章 奇想天外！数学の不思議な世界…… 123▼170

4章 明日話したくなる 数学の話 …………… 171▼215

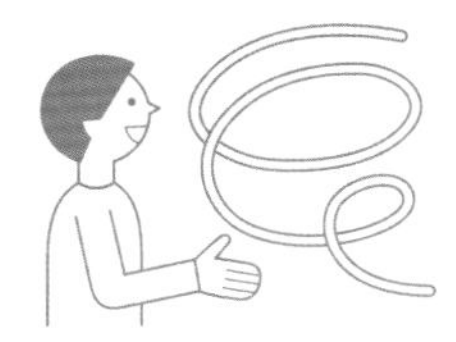

※本書の図解は原理をわかりやすく説明するため、単純化しています。

1章

知りたい！
数学のあれこれ

「数学」という言葉に惹かれつつも、
むずかしそうでなかなか手がでない……という人も多いかと思います。
でも、意外にかんたんに、数学のおもしろさに触れることができます。
数や図形の不思議な性質を見てみましょう。

01 ［知識］ 数字の起源っていつ？ どんな種類があったの？

算用数字は約500年前にいまの形に。漢数字は、古代から現在まで使われている！

現在、私たちが使っている「0、1、2、3、4…」という数字は**「アラビア数字（算用数字）」**（➡P12）と呼ばれるもので、**約500年前に現在の形になりました**。アラビア数字は「0」があることが特徴で、これにより計算がしやすくなり、「世界の共通語」として広まりました。それでは、アラビア数字が登場する前の古代では、どのような数字が使われていたのでしょうか？

古代において、数字は地域ごとにちがっていました。古代エジプトでは**モノの形**で数字が表現され、1の位は「棒」、10の位は「動物の足かせ」、100の位は「縄」、1000の位は「蓮の花」、1万の位は「指」で表現されました〔図1〕。古代メソポタミア（現在のイラク）では**「くさび形文字」**で表現され、くさび形の数や向きによって数字を表現していました〔図2〕。古代ギリシアでは、「α（アルファ）、β（ベータ）」などの**「ギリシア文字」**で表現〔図3〕。現在も時計の文字盤などに使用されるローマ数字は、**「ローマ文字」**を使ったもので表されていたのです〔図4〕。

古代中国では、**「漢字（漢数字）」**によって数字を表現しました。漢数字は、「百、千、万」などの単位を表現できたため使いやすく、現在も中国や日本で使われています。

古代にはさまざまな数字があった

古代エジプトの数字〔図1〕

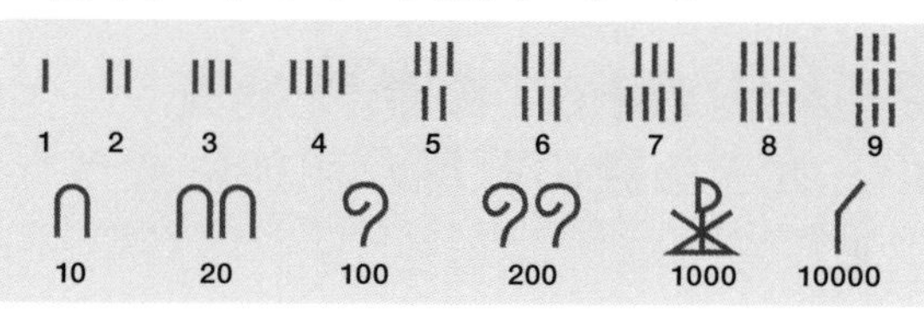

古代メソポタミアの数字〔図2〕

古代ギリシアの数字〔図3〕

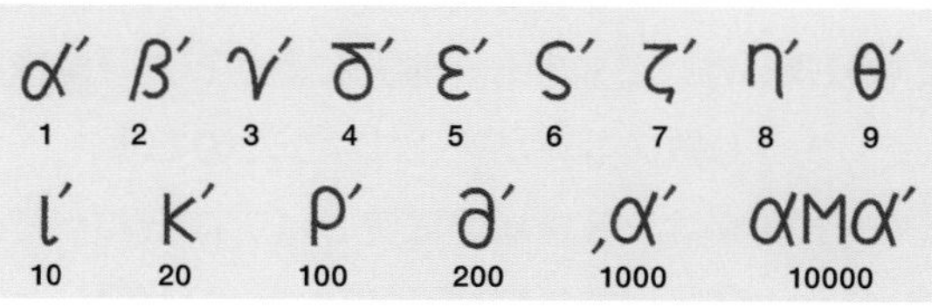

※数字であることを示すため、文字にアポストロフィーを付けていた。

古代ローマの数字〔図4〕

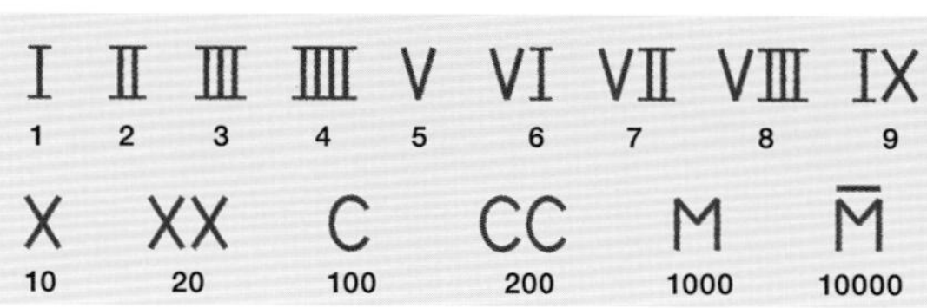

02［知識］昔は「0（ゼロ）」がなかった？ 特殊な数「0」の発見

なるほど！ 古代インド人が「**数としての0**」を発見。それにより、**大きな数の計算**が可能になった！

「0」の発見は、数学史上もっとも重要な発見といわれています。古代の数字には「0」がありませんでした。そのため、古代メソポタミアでは、例えば「28」と「208」を区別するため、2と8の間にななめのくさびを並べていたそうです。これは**「記号としての0」**を使った最初の例でしたが、**「数としての0」**ではありません。ギリシア数字やローマ数字にも「0」を表す文字はなく、「千」「万」などの文字を使っていたため、計算に不向きでした。

「0」を初めて数として扱ったのは古代インド人で、**5世紀頃**といわれています。これにより、「0」を含んだ数の表記によって計算ができるようになりました。これが、十進法に基づいた**「位取り（くらいど）記数法」**〔図1〕で、大きな数の計算が可能になったのです。

「0」を含んだインド数字は、8世紀頃にアラビアに伝わって改良され、さらにヨーロッパに伝わり**「アラビア数字」**〔図2〕として世界中で使われるようになりました。「0」の発見は数学だけでなく、経済や天文学、物理学などの発達に貢献をしました。

ちなみに西暦には「紀元0年」がありません。これは、ヨーロッパで西暦が使われはじめた6世紀には、まだ「0」が伝わっていなかったためだといわれています。

便利な「0」を含んだアラビア数字

位取り記数法とは?〔図1〕

数字を書く位置によって、単位が決まる記数法のこと。

例 150×302の場合

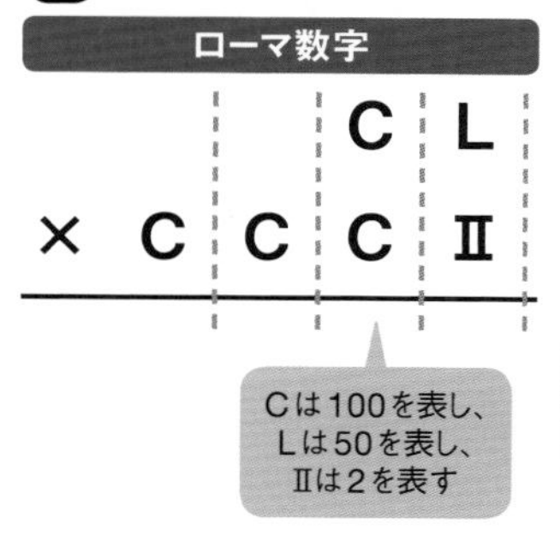

筆算による計算が難解…

筆算による計算がかんたん！

インド数字からアラビア数字への変遷〔図2〕

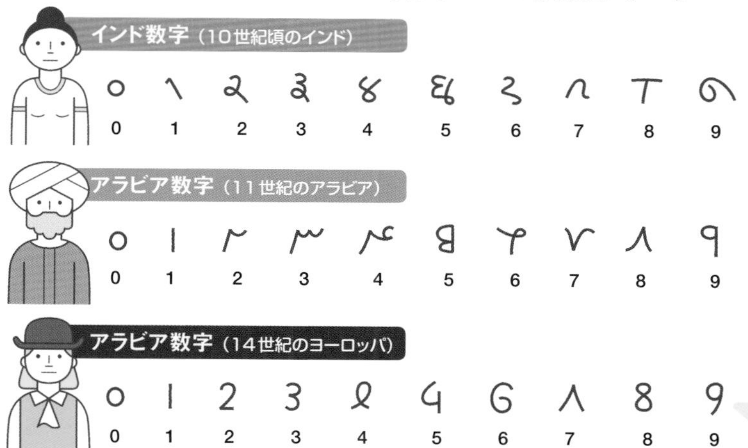

03 ［知識］ 日本で発達した和算ってどういうものだった？

日本独自の数学で、江戸時代に**関孝和**(せきたかかず)が飛躍させて**世界レベル**に到達していた！

「和算」とは、日本で独自に発達した数学のことです。古くから日本においては、中国で誕生した**算木**(さんぎ)（棒状の計算道具）や**九九**などを使って計算をしていましたが、商業の発達とともに計算や数学の重要性が高まり、1600年頃、割り算や利息の計算方法などを記した**日本最古の和算書『算用記』**(さんようき)（著者不明）が刊行されました。

1627年に刊行された吉田光由(よしだみつよし)の**『塵劫記』**(じんこうき)は、九九やそろばんの使い方だけでなく、取引・両替などに関する問題や数学パズルをイラスト入りでかんたんに解説したため大ベストセラーとなり、江戸に和算ブームを巻き起こしました〔図1〕。

和算を西洋の数学レベルにまで押し上げたのが、**関孝和**です。孝和は、算木やそろばんではなく**筆算（紙に書いて行う計算）**を編み出し、**円周率**を小数点以下11桁まで求めたり、**「ベルヌーイ数」**と呼ばれる数学理論を発見したりしました。

その後、和算は**暦法計算**(れきほう)や**測量術**などに応用されてさらに発達し、また和算家がおもに図形に関する問題の解法を板に記して神社や寺に奉納する**「算額」**が流行しました〔図2〕。明治時代に西洋数学が導入されると和算は衰退しましたが、現在、和算を授業や受験に取り入れる動きも出ています。

和算のおもな種類と関孝和

▶ 和算のおもな種類〔図1〕

鶴亀算 鶴と亀の合計匹数と足の総数から、鶴と亀の数を求める（➡P16）。

旅人算 1人の旅人がもう1人の旅人を追いかけて出会うまでを求める（➡P96）。

俵杉算 三角形に積み上げられた俵の総数を求める（➡P120）。

薬師算 碁石を正方形に並べて1辺の個数より全体の個数を求める（➡P136）。

ねずみ算 ある期間に増えるねずみの数を求める（➡P196）。

関孝和（せき たかかず）
【1640頃～1708】

日本の和算家。「傍書法（ぼうしょほう）」と呼ばれる独自の記号法を編み出し、数字と文字を使った方程式による計算を可能にした。またベルヌーイ数と呼ばれる数列を、スイスの数学者ベルヌーイより1年前に発表した。

▶ 寺などに奉納された算額〔図2〕

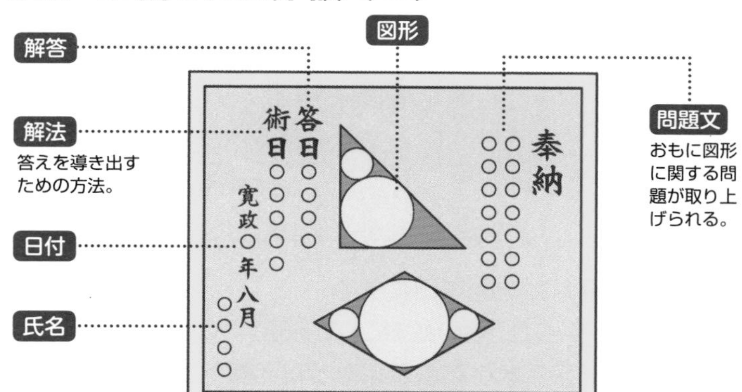

和算の解き方 ①

鶴亀算

鶴亀算とは、鶴と亀のように異なる足をもつ動物の数と、足の数の合計がわかっているときに、鶴と亀それぞれの数を求める計算です。中国の数学書では「キジとウサギ」でしたが、日本に入ってきてから江戸時代に縁起のいい鶴と亀に変えられました。

問 鶴と亀が合計100匹います。
足の数の合計は248本です。
鶴は何匹、亀は何匹いるでしょうか？

POINT

- 匹数と足の数を面積図にする!
- 100匹すべて「鶴の足」にしてみる!
- 亀の後ろ足2本が鶴の足になったと考えてみる!

解き方 1 100匹と足の数248本を面積図として考えます。

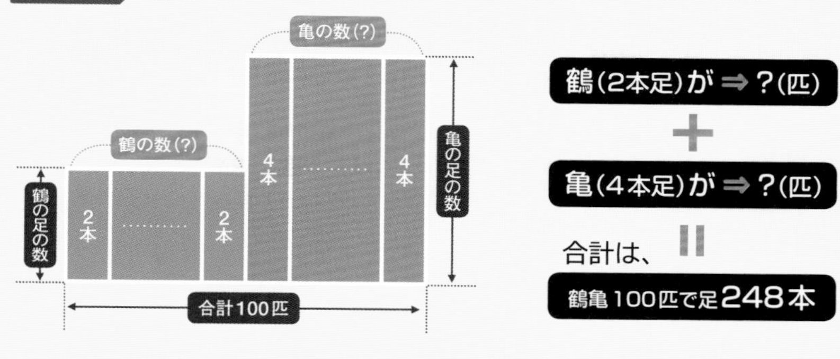

2 「亀の後ろ足2本が鶴の足になったら」と考えます。

この48本の長方形は**亀の前足の数**を表している!

48本

2本

鶴の足の数 200本

合計100匹

248(本)−2(本)×100(匹)=48(本)

前足が48本ということは、

亀の数は48÷2=24(匹)

鶴の数は100−24=76(匹)

答 **鶴76匹**
亀24匹

別の解き方

全部を亀の足と考えて、100(匹)×4(本)=400(本)から248(本)を引くと、不足する足の数(152本)が出る。これを鶴の足の数(2本)で割ると、鶴の数が求められる。

04 ［知識］ 電卓っていつできたの？ 計算の歴史と計算機

イギリスの数学者ネイピアが、かけ算をかんたんにする「**ネイピアの計算棒**」を発明！

電卓などがなかった時代、かけ算や割り算などの複雑な計算は、どのように行っていたのでしょうか？

古代では、線や溝をつけた板に小石などを並べて計算する**「線そろばん」**や**「溝そろばん」**が使われていました。古代中国では、**算木**と呼ばれる棒状の計算道具や**「九九」**が発明されて、これらは飛鳥〜奈良時代に日本に伝わったとされています。九九は語呂がよいために覚えやすく、貴族たちの教養のひとつとされ、日本に定着したとされています。

しかしヨーロッパでは、九九のような暗記法はなく、かけ算をするときは、たし算をくり返していたそうです。ちなみに「そろばん」は、16世紀後半に中国から日本に伝わりました。

17世紀、イギリスの数学者**ジョン・ネイピアは、かけ算がかんたんに行える計算機を発明**しました。この計算機は、0〜9までの数字が一番上に書かれた棒が並んでいるもので、**「ネイピアの計算棒（ネイピアの骨）」**と呼ばれています。これを使えば、たし算の答えを左上から読んでいくと、答えが出るのです〔右図〕。ネイピアの計算棒は、割り算や平方根の計算にも応用が可能で、ネイピアの死後、さまざまに改良されて普及していきました。

ネイピアの計算棒による計算

計算棒の数字は、計算棒の一番上の数字に対する「九九」になっている。

段↓	0	1	2	3	4	5	6	7	8	9
0	0/0	0/0	0/0	0/0	0/0	0/0	0/0	0/0	0/0	0/0
1	0/0	0/1	0/2	0/3	0/4	0/5	0/6	0/7	0/8	0/9
2	0/0	0/2	0/4	0/6	0/8	1/0	1/2	1/4	1/6	1/8
3	0/0	0/3	0/6	0/9	1/2	1/5	1/8	2/1	2/4	2/7
4	0/0	0/4	0/8	1/2	1/6	2/0	2/4	2/8	3/2	3/6
5	0/0	0/5	1/0	1/5	2/0	2/5	3/0	3/5	4/0	4/5
6	0/0	0/6	1/2	1/8	2/4	3/0	3/6	4/2	4/8	5/4
7	0/0	0/7	1/4	2/1	2/8	3/5	4/2	4/9	5/6	6/3
8	0/0	0/8	1/6	2/4	3/2	4/0	4/8	5/6	6/4	7/2
9	0/0	0/9	1/8	2/7	3/6	4/5	5/4	6/3	7/2	8/1

例 358×47の場合

3の棒、5の棒、8の棒を取り出し、4の段と7の段を並べる。

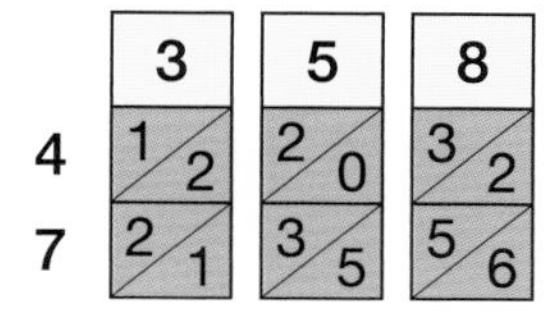

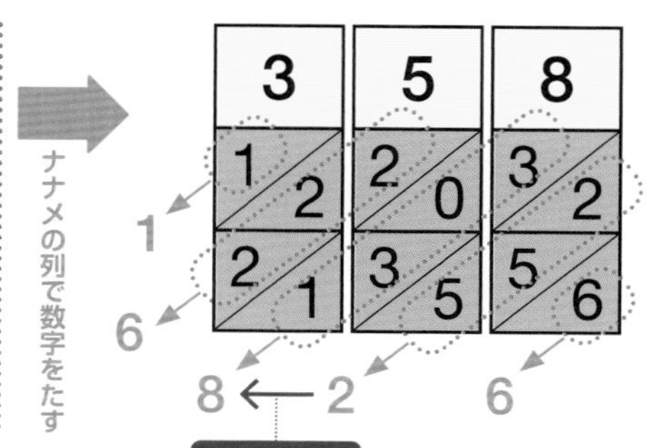

12になるので
1をくり上げる

答えは **16826**

05 ［知識］ 電卓の数字の並びには何か意味がある？

並び自体は**使いやすさ**で決まったが、電卓の並びによる**不思議な法則**がある！

電卓（電子式卓上計算機）は1963年にイギリスで登場しました。**電卓の数字キーの配列は電話機とは逆に、下段から「1」「2」「3」と並んでいます**が、何か意味があるのでしょうか？　実は電卓は、最初からこの配列だったわけではなく、**この配列が使いやすいと感じる人が多かった**ので、この配列に決まったそうです。配列はこのように決まったものなのですが、実はこの数字の並びにはいくつもの不思議な法則があるのです。

まず、この並びには**「2220」**という数が隠されています。例えば「1」から時計の逆回りに3桁の数字をたしていくと123＋369＋987＋741＝2220。対角線上にある数字をたしていくと159＋357＋951＋753＝2220になるのです〔図1〕。

また、電卓を使って、**相手の選んだ数字を当てる**こともできます。8を除いて1から順番に「12345679」と入力し、相手に何か1桁の数字（例えば4）を選んでもらい、その数字をかけます。その数「49382716」に9をかけると「444444444」と、選んだ1桁の数が並ぶのです。

ほかにも、**相手の誕生日を当てる**こともできます〔図2〕。このように電卓からも、数の不思議な法則が垣間見られるのです。

数字キーの不思議な法則

「2220」が現れるたし算〔図1〕

時計の逆回り　1から逆回り

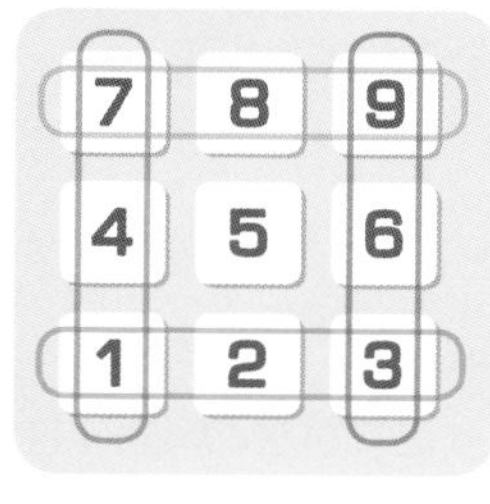


```
   123
   369
   987
+  741
------
  2220
```

対角線上　ナナメを往復

```
   159
   951
   357
+  753
------
  2220
```

十字　タテヨコを往復

```
   258
   852
   654
+  456
------
  2220
```

角　角の数字をそれぞれ3つ並べる

```
   111
   999
   333
+  777
------
  2220
```

電卓で誕生日を当てる方法〔図2〕

1 相手に電卓を渡し、誕生日の「**月**」に「**4**」をかけてもらう。
（例えば**5**月12日）**5×4＝20**

2 その数に「**9**」をたし、次に「**25**」をかけてもらう。
(20＋9)×25＝725

3 その数に誕生日の「**日**」をたしてもらう。
725＋12＝737

4 電卓を返してもらい、その数から「**225**」を引く。
737－225＝512➡相手の誕生日

06 ［知識］ 24時間、365日…暦の数に数学的な理由はある?

地球の自転、公転の周期を計算し、月の満ち欠けの周期とすり合わせている!

1日や1年の長さは数字として決まっています。これら暦の数字を決めるときには、数学的にどんな計算があったのでしょうか?

1日とは、地球が**「自転」**している時間で、まずこれが24時間(8万6000秒)とわかりました。そして、地球の**公転の周期が約365.2422日**なので、1年は365日に決められました〔図1〕。

1か月の長さは、月の満ち欠けの周期**(朔望周期=約29.53日)**が基本です。しかし29.53日に12をかけると354.36日で、1年の日数とずれます。このため、1か月を30日や31日にして調整したのです。それでもずれが出るので、4年ごとに**「うるう年」**に2月29日を入れています。2月で調整する理由は、古代ローマで1年の最後の月が2月だったことに由来します。また、科学技術の発達により、地球の自転の回転速度にもムラがあることがわかり、その誤差調整のため、数年間隔で**「うるう秒」**を入れています。

ちなみに、カレンダーには不思議な法則が隠されています。カレンダーの中に9日分の正方形をつくり、その数をすべてたすと、真ん中の数の9倍になるのです〔図2〕。また3月3日と7月7日は、どの年でも同じ曜日になり、4月4日と6月6日と8月8日も、どの年でも同じ曜日です。カレンダーで確かめてみましょう。

地球の公転と自転から暦ができる

地球の公転と自転〔図1〕

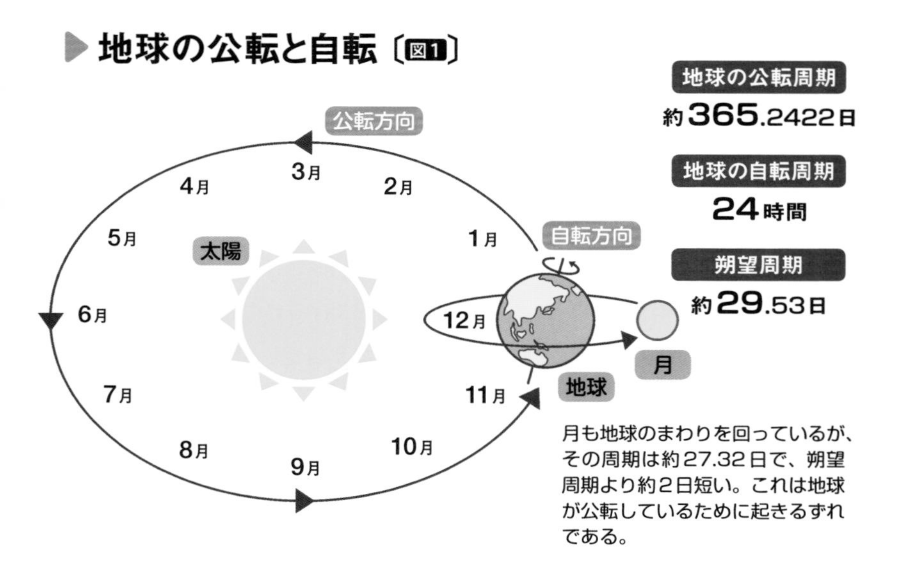

月も地球のまわりを回っているが、その周期は約27.32日で、朔望周期より約2日短い。これは地球が公転しているために起きるずれである。

カレンダーに隠されたルール〔図2〕

9日分の正方形の数の合計は、真ん中の数の9倍になる。

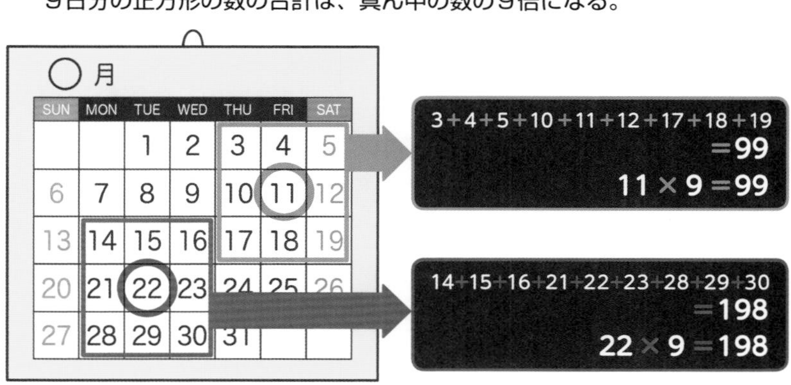

07 ［数］ 配列による不思議な法則 数学の「魔方陣」とは？

タテ・ヨコ・対角線の**どの列の和**も同じになる配列。「**完全魔方陣**」「**魔六角陣**」などがある！

数学の世界には**「魔方陣」と呼ばれる配列**があります。正方形のマス目に数字を置いて、タテ・ヨコ・対角線のどの列をたしても同じ数になるもののことを魔方陣と呼ぶのです。

３×３の９マスでつくられる魔方陣（３方陣）がよく知られています。３方陣は対称な配置などを除けば、基本的には１通りしかなく、**「４９２」「３５７」「８１６」**の組み合わせになります〔図1〕。そのほかにも、４×４でつくられる「４方陣」もあります。４方陣には880通りもの組み合わせがあり、５方陣、６方陣、７方陣…と、数の大きな魔方陣も存在しますが、何方陣までつくれるのかは謎です。

対角線に加え、ある部分の平行なナナメの数の合計がすべて一致する**「完全魔方陣」**というものもあり、４方陣の完全魔方陣は48通りあります。また、**「魔六角陣」**と呼ばれる、六角形の魔方陣もあります。これは、ヨコ、右ナナメ、左ナナメの、どの列の合計もすべて「38」になるというものです〔図2〕。

古くから魔方陣には神秘的な力が秘められているとされ、16世紀の西洋では、魔方陣を刻んだメダルを御守りや魔除けとして使っていたそうです。

どの列の和も同じ数になる!

▶3×3の魔方陣(3方陣)

〔図1〕

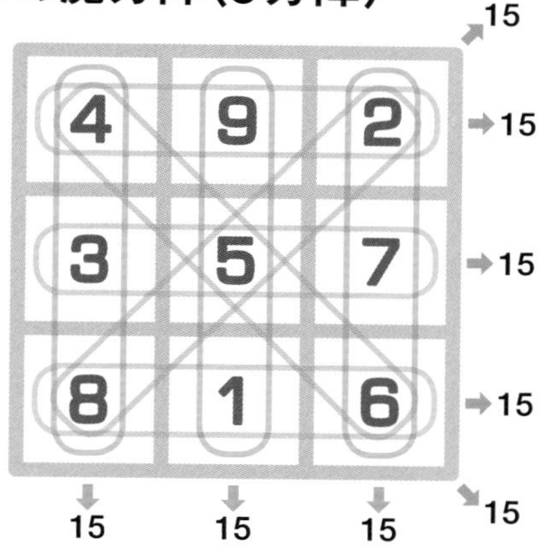

タテ・ヨコ・対角線のどの列の数字をたしても15になる。

▶完全魔方陣と魔六角陣〔図2〕

完全魔方陣

タテ、ヨコ、対角線だけでなく、平行なナナメの線の数※の和もすべて一致する。

1	12	13	8
15	6	3	10
4	9	16	5
14	7	2	11

※同じ色のマス目をたすと34になる。

魔六角陣

ヨコ、右ナナメ、左ナナメのすべての列の和が38になる。

これなら当たる!?
選んで数学
①

Q 折り紙を何回折れば月まで届く?

42回 or 102回 or 10002回

地球から月までの距離は、約38万km。時速300kmの新幹線で約53日、徒歩（時速4km）だと約11年もかかる距離です。もし、折り紙を半分に折り、それをまた半分に折り…と何回も折り重ねていくと、何回折れば月にまで届く厚さになるでしょうか？

1969年、アメリカの宇宙船**アポロ11号**が人類で初めて月面着陸に成功し、**リトロリフレクター（反射鏡）**を月に置いてきました。地球からレーザー光線を発射し、反射鏡に当たって戻ってくるまでの時間は約2.52秒でした。光の速さは秒速約30万kmなので、月までの距離は**「約30万km×(2.52÷2)=約38万km」**である

ことが、正確に測定できたのです（月は地球の周りを公転しているので、距離は一定ではありません）。

地球から月までは途方もない距離がありますが、**巨大な折り紙**を折り重ねていくと、計算上では、何回か折れば届くはずです。計算しやすいように、折り紙の厚さを0.1mmとしましょう。半分に折れば0.2mm（0.1×2）。2回折ると0.4mm（0.1×2×2）です。つまり、**折るたびに紙の厚さは2倍**になっていきます。では、10回折るとどうなるでしょう？ 計算式は0.1×2^{10}となり、$2^{10}=1024$なので、紙の厚さは0.1×1024＝102.4mm（約10cm）になります。

では、20回折るとどうなるでしょう？　計算式は0.1×2^{20}となるので、0.1×1024×1024=104857.6mm（約105m）です。

折り紙を折った厚みとの比較

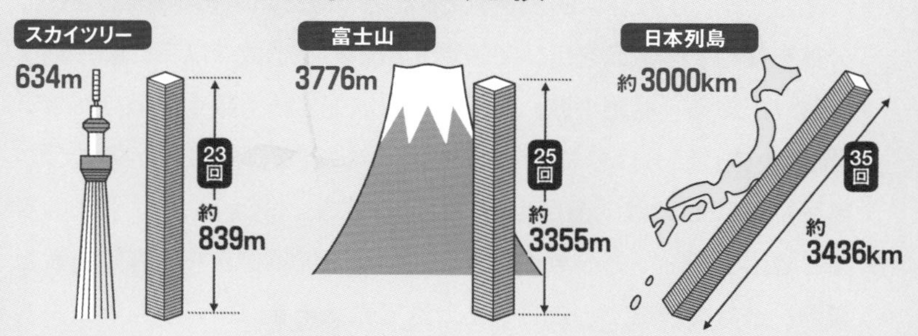

計算を続けていくと、40回折れば**0.1×2^{40}**で、約11万km。41回で約11万km×2＝約22万km。そして42回で、**約22万km×2＝約44万km**となり、月まで届く距離に達するのです。

もちろん、実際に42回も折り重ねることは不可能。あくまで計算上の話ですが、月が少し近くに感じられたのではないでしょうか。

08 [数] 有理数？　無理数？ 数の種類には何がある？

自然数や整数、分数、小数などが「有理数」で、分数で表せない数が「無理数」！

モノの長さや重さなど、実世界に現れるすべての数のことを**「実数」**といいます。実数は**「有理数」**と**「無理数」**に分けられます。

有理数には、**「自然数」「整数」「分数」**などがあります。自然数は、モノを数えるときの「1、2、3…」などのことで、整数には自然数のほかに、「0」と「－1、－2、－3…」など、マイナスをつけた「負の整数」が含まれます。分数は「1÷3」を$\frac{1}{3}$と表現したものです。小数は、0.2や1.25など、0を超える1未満の数を、分数を使わず小数点を用いて表現するもの。小数点以下に続く数字に限りがある**「有限小数」**と、小数点以下に続く数字に限りがない**「無限小数」**に分けられます。無限小数のうち、同じ数字の並びが無限に続くものは**「循環小数」**と呼びます。例えば$\frac{1}{3}$は小数にすると0.33333…と小数点以下に3が無限に続きます。**有限小数と循環小数は有理数で、どちらも分数で表せます**。

無理数とは有理数で表せないもので、例えば2の平方根（2乗して2になる数）$\sqrt{2}$＝1.414213…では、不規則な数字が無限に続きます。こうした無限に続く小数のことを**「非循環小数」**といい、分数で表せません。この非循環小数だけが無理数に分類されます〔右図〕。無理数は古代ギリシアで発見されました。

分数にできるかどうかがポイント

▶実数（有理数＋無理数）の分類のしかた

有理数（分数で表せる数）

整数

自然数（正の整数）　1、2、3、4、5…
0 → 自然数ではない整数
負の整数　−1、−2、−3、−4、−5…

分数

$\frac{1}{2}$、$\frac{1}{3}$、$\frac{3}{4}$…など

$-\frac{1}{2}$、$-\frac{1}{3}$、$-\frac{3}{4}$…など

有限小数

0.5（$=\frac{1}{2}$）、0.75（$=\frac{3}{4}$）など

循環小数

0.33333333…（$=\frac{1}{3}$）、
0.142857142857…（$=\frac{1}{7}$）など

$0.75=\frac{3}{4}$
$0.333\cdots=\frac{1}{3}$

無限小数

小数点以下に
無限に数字が続くもの

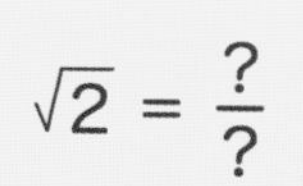

無理数（分数で表せない数）

非循環小数

$\sqrt{2}$（2の平方根で、小数で表すと 1.41423…）
π（円周率のことで、小数で表すと 3.14159…）など

09 ［知識］ パソコン関係の数字にはなぜ8の倍数が多い？

コンピュータが使えるのは「0」と「1」だけ！
二進法だと、8の倍数がキリがいいから！

パソコンのデータなどは、8bit（ビット）、16bit、32bitなど、8の倍数で扱うことが基本です。これはなぜでしょうか？　それは、**コンピュータが「0」と「1」の2つの数字しか使うことができない**ため。つまり、オンとオフによる電気信号しか使えないのです。

私たちがふだん使っているのは**「十進法」**といいますが、「0」と「1」だけで数を表す方法を**「二進法」**といいます。二進法では「1」「2」「4」「8」と2倍ごとに位が上がるため「8」を「1000」、「16」を「10000」、32を「100000」と表現します。つまり、コンピュータにとってキリのいい数字を十進法で表すと、8の倍数になるのです。

コンピュータが扱うデータの最小単位が1bitで、**8bitをまとめて1Byte（バイト）**といいます。キーボードの0～9の数字キーで数値を入力したとき、コンピュータの内部では「5」は「00000101」、「12」は「00001100」というように、すべて「0」と「1」による8桁の数字に変換されているのです〔図1〕。

数字だけでなく文字も、二進法で表現されています。半角英数字「A」は「01000001」の8桁の数字が割り当てられています〔図2〕。「A」1文字は、1Byteの情報量で表現されているのです。

「0」と「1」で表示される数字や文字

二進法と8bitによる表示〔図1〕

十進法	二進法	8bit表示
0	0	00000000
1	1	00000001
2	10	00000010
3	11	00000011
4	100	00000100
5	101	00000101
8	1000	00001000
12	1100	00001100
16	10000	00010000
32	100000	00100000
64	1000000	01000000
100	1100100	01100100
254	11111110	11111110
255	11111111	11111111

※8bitで表示できる最大数は**255**。

半角英数字「A」の表示〔図2〕

コンピュータの世界では、一つひとつの文字に番号が割り当てられている。半角英数字1文字には8bit（1Byte）の情報が使われ、「A」は、「01000001」の番号が割り当てられている。

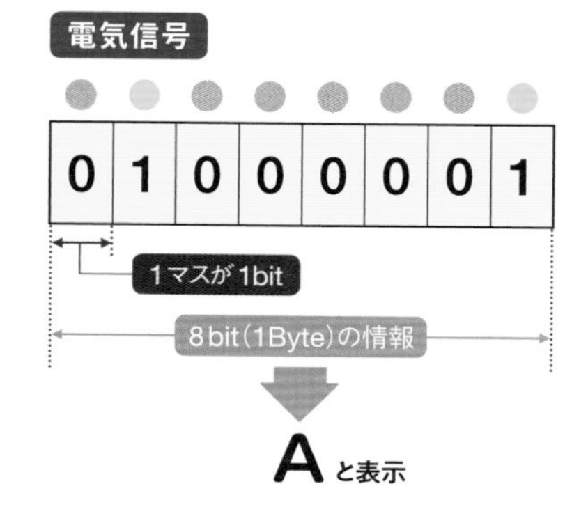

10 ［数］ 1よりも小さい数を表す「小数」は誰が発見した？

16世紀の数学者が**小数**や**小数点**を発見。
分数の計算がかんたんになった！

１よりも小さい数を表す**「小数」**は、いつ誕生したのでしょうか？

最古の小数は、古代メソポタミアの数字表記とされていますが、小数点という概念もありませんでした。古代中国でも小数が表記されましたが、**「分」「忽」などの単位がつけられた**もので、計算は困難でした。この中国の小数単位は、日本に伝えられました〔図1〕。

現代の数学につながる小数をヨーロッパで初めて導入したのは、16世紀のベルギーの数学者**シモン・ステビン**です。軍隊の会計係をしていたステビンは、軍隊の借金の利子を計算するために分数を使って計算していました。しかし、分母が11や12の場合などの数字になると、計算は非常に複雑です。そこでステビンは、分数の分母を10や100、1000など「10の累乗」にしてみたところ、計算がかんたんにできると発見。さらに、整数を⓪、$\frac{1}{10}$を1①、$\frac{1}{100}$を1②、$\frac{1}{1000}$を1③と表記する方法を思いついたのです。これを**「ステビンの小数」**といいます〔図2〕。

その約20年後、イギリスの数学者**ジョン・ネイピア**（➡P18）が、整数と小数の間に記号を入れると、小数の位にそれぞれ①②③と表記する必要がないことを発見し、**「小数点」**を提唱しました。こうして、小数を扱った計算が格段に楽になったのです。

小数の発見は16世紀ごろだった

▶古代中国の小数の単位〔図1〕

単位	数値
分（ぶ）	0.1
厘（りん）	0.01
毛（もう）	0.001
糸（し）	0.0001
忽（こつ）	0.00001
微（び）	0.000001
繊（せん）	0.0000001
沙（しゃ）	0.00000001
塵（じん）	0.000000001
埃（あい）	0.0000000001
渺（びょう）	0.00000000001
漠（ばく）	0.000000000001
模糊（もこ）	0.0000000000001
逡巡（しゅんじゅん）	0.00000000000001
須臾（しゅゆ）	0.000000000000001
瞬息（しゅんそく）	0.0000000000000001
弾指（だんし）	0.00000000000000001
刹那（せつな）	0.000000000000000001
六徳（りっとく）	0.0000000000000000001
虚空（こくう）	0.00000000000000000001

▶ステビンの小数〔図2〕

ステビンの小数の表記法

例 3.141の場合

3⓪1①4②1③

ステビンの小数によるかけ算

例 3.14×5.2の場合

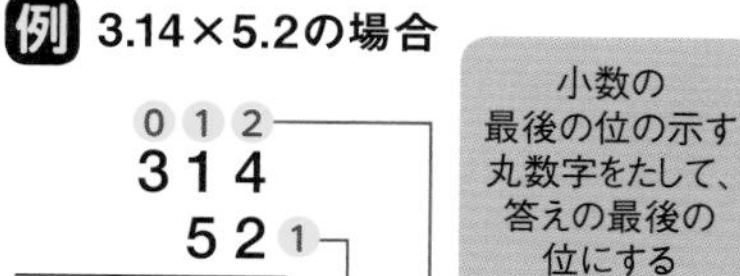

シモン・ステビン
【1548~1620】

ベルギーの数学者。『十進分数論』を出版して、十進法による小数の理論を提唱した。

11 ［数］ 千、万、億、兆……　これより大きい単位は？

なるほど！

「京（けい）」「垓（がい）」「秭（じょ）」など、特別な単位を使う！欧米では「グーゴル」などの単位も存在！

「億」「兆」などより大きな数字の単位は、どんなものがあって、どこまであるのでしょうか？　兆の次には**「京」「垓」「秭」**などの単位が続き、最も大きな単位は**「無量大数」**です〔図1〕。

これらの単位は、地球の重さを示すときなどの特別な場合を除いて、日常的には使われません〔図2〕。巨大な数を示す単位は、江戸時代の数学者・吉田光由（よしだみつよし）の和算書**『塵劫記（じんこうき）』**（1627年刊行）に記されています。また**「恒河沙（ごうがしゃ）」「阿僧祇（あそうぎ）」「那由多（なゆた）」**などは仏教の経典に用いられる用語で、無限の数量や時間を意味するものです。

日本の数字は４桁ごとに単位が変わりますが、欧米では３桁ごとに単位が変わります。例えば、アメリカでは**million（＝100万）は1,000,000と、billion（＝10億）は1,000,000,000と表記**します。また、10の100乗を表す単位は**googol（グーゴル）**といいます。この単位は1920年にアメリカの数学者**エドワード・カスナー**の甥（おい）が考えた単位で、カスナーの著書によって普及しました。ちなみにgoogle（グーグル）の創業者は、googolのスペルを間違えたことをきっかけに、この社名をつけたそうです。

現在、数学の証明に使われたことのある最大の数は**「グラハム数」**と呼ばれますが、巨大すぎて通常の数式では表現できません。

「天文学的」な巨大な数を表す単位

日本の数の単位〔図1〕

単位	数値
一（いち）	1
十（じゅう）	10
百（ひゃく）	100
千（せん）	1000
万（まん）	10000
億（おく）	10^{8}
兆（ちょう）	10^{12}
京（けい）	10^{16}
垓（がい）	10^{20}
𥝱（し）	10^{24}
穣（じょう）	10^{28}
溝（こう）	10^{32}
澗（かん）	10^{36}
正（せい）	10^{40}
載（さい）	10^{44}
極（ごく）	10^{48}
恒河沙（ごうがしゃ）	10^{52}
阿僧祇（あそうぎ）	10^{56}
那由他（なゆた）	10^{60}
不可思議（ふかしぎ）	10^{64}
無量大数（むりょうたいすう）	10^{68}

巨大な数で表す数値〔図2〕

地球の重さ

約5𥝱9721垓9000京kg

人体を構成する原子の数

約1000𥝱個

宇宙の星の数（推計）

約400垓

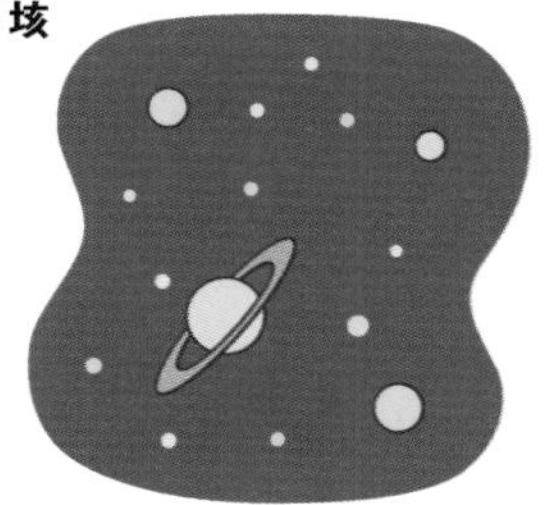

12 ［数］ 完全？ 友愛？ 婚約？ 約数に秘められた法則

数学には、**約数の和**によって「**完全数**」や「**友愛数**」「**婚約数**」などの概念がある！

ある数（自然数）を、割り切ることのできる数を「約数」といいます。例えば6は1、2、3、6のどの数字でも割り切れますが、この場合、約数は1と2と3と6の4つになります。

そして6の約数は、6を除いて全部たすと6になります。例えば、4の約数は1、2、4ですが、1と2をたしても4にはなりません。このように、**その数（ここでは6）以外の約数をたすと、その数になるものを「完全数」**といいます〔図1〕。最小の完全数は6です。『旧約聖書』によると、神は6日間で世界を創造したとされ、次の完全数は、月の公転周期がおよそ28日であるため、6と28は神の完全性を示す数字とされてきたのです。28の次は496、8128…と続き、2018年に51個目の完全数が発見されました。これらはすべて偶数のため、「奇数の完全数は存在するか？」「完全数は無数に存在するか？」などの疑問が、未解決のまま残されています。

また、**その数を除いた約数の和が、互いに等しくなる2つの数を「友愛数」**といいます〔図2〕。最小の友愛数は220と284です。さらに、**その数と1を除いた約数の和が、互いに等しくなる2つの数を「婚約数」**といいます〔図3〕。最小の婚約数は48と75です。約数には、こうした不思議な関係をもつ法則があるのです。

約数をたすことで現れる数の性質！

神秘的な数とされてきた完全数〔図1〕

6の約数は 1、2、3、6

6を除いた約数の和は 1＋2＋3＝6

発見済みで最大の完全数は51番目。

110847779864 …(略)… 007191207936

桁数はなんと… 49724095桁！

約数の和がお互いの数になる「友愛数」〔図2〕

220の約数の中から220を除いてすべてたすと…

1＋2＋4＋5＋10＋11＋20＋22＋44＋55＋110＝284

284の約数の中から284を除いてすべてたすと…

1＋2＋4＋71＋142＝220

偶数と奇数の組み合わせになる「婚約数」〔図3〕

48の約数の中から48と1を除いてすべてたすと…

2＋3＋4＋6＋8＋12＋16＋24＝75

75の約数の中から75と1を除いてすべてたすと…

3＋5＋15＋25＝48

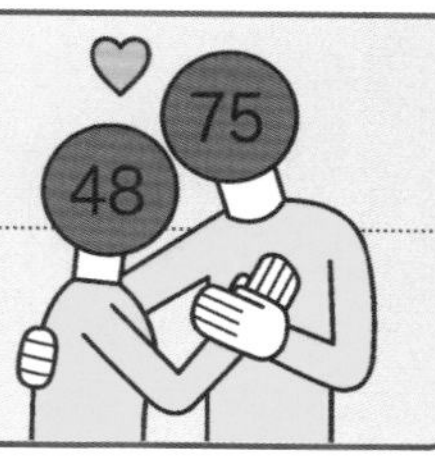

シエラザード数？小町算？四則演算の不思議な法則

なるほど！

「**シエラザード数**」や「**小町算**」などは、
四則演算で**数の神秘**を感じられる！

たし算、引き算、かけ算、割り算という**4つの基本的な法則を使う計算方法を「四則演算」**といいます。**この四則演算によって、不思議な性質を見せる数の法則**を見ていきましょう。

まずは**「シエラザード数（1001）」**。3桁の数字をくり返して6桁にして、それを1001で割ると、元の数字に戻るという法則です。例えば「894894」を1001で割ると、「894」になる…といった具合です〔図2〕。シエラザードとは『千夜一夜物語』に登場する王妃で、この「千一」にちなんで、シエラザード数と呼ばれます。

「小町算」は1から9までの数字の間に「＋」「－」「×」「÷」の記号を入れ、答えを100にする数学パズルです〔図1〕。123－45－67＋89＝100などの数式のことで、「小野小町のように美しい数式」という意味から、小町算と名づけられました。

そして**「巡回数」**と呼ばれる数字もあります。例えば**「142857」**は、2倍、3倍、4倍…とかけ算をしたとき、「142857」の数字の順序を変えずに巡回させた数になります〔図3〕。ほかにも「588235294117647」などが巡回数です。

数学の世界には、こうした不思議な性質をもった数や法則がたくさんあるのです。

四則演算による不思議な数の世界

小町算〔図1〕

正順（1⇒9の順番）

123＋45－67＋8－9＝100

123－4－5－6－7＋8－9＝100

123＋4－5＋67－89＝100

1＋2＋3－4＋5＋6＋78＋9＝100

1×2×3×4＋5＋6＋7×8＋9＝100

1＋2＋3＋4＋5＋6＋7＋8×9＝100

1×2×3－4×5＋6×7＋8×9＝100

1＋2＋34－5＋67－8＋9＝100

1＋23－4＋5＋6＋78－9＝100

12＋3＋4＋5－6－7＋89＝100

12－3－4＋5－6＋7＋89＝100

1＋23－4＋56＋7＋8＋9＝100

逆順（9⇒1の順番）

98－76＋54＋3＋21＝100

98＋7－6＋5－4＋3－2－1＝100

98＋7－6×5＋4×3×2＋1＝100

シエラザード数〔図2〕

894をくり返した「894894」を
1001で割ると…

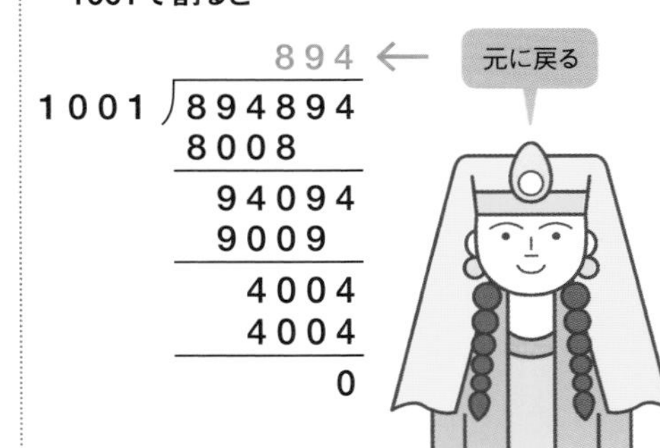

巡回数〔図3〕

142857に
1から6までの数をかけると…

142857×1＝142857

142857×2＝285714

142857×3＝428571

142857×4＝571428

142857×5＝714285

142857×6＝857142

同じ数字が
同じ順番で
循環する！

142857に**7**をかけると…

142857×7＝999999

9が
6個並ぶ！

14 [知識] 「m」など距離の「単位」。いつ、誰が決めたもの?

「メートル」という長さの単位は、**地球の大きさ**を基準に18世紀末に決まった!

日本では、古くから長さを測る単位として「尺」や「寸」などが使われていましたが、現在は日本をはじめ多くの国が**「m(メートル)」「cm(センチメートル)」**などを使っています。これらの単位は、誰がいつ決めたのでしょうか?

世界各地の長さの単位はばらばらで、貿易をするときに不便でした。18世紀末、フランス革命が起きたとき、フランスの政治家タレーランが、新しく統一単位をつくることを呼びかけました。議論を重ねた結果、**北極点から赤道までの距離の1000万分の1を「1メートル」**にすることが決まりました。その後、6年もの歳月をかけ、フランス北岸のダンケルクからスペインのバルセロナまでの距離を測量し、その結果をもとに赤道から北極までの距離を算出し、「1メートル」の長さを定めました。ちなみに、こういった経緯から**地球1周は約4万kmとキリのいい数字になっている**のです〔図1〕。

フランスは、1メートルの長さの金属製ものさし**「メートル原器」**を制作し、基準にしました。約100年後、国際的な単位統一を目的とする「メートル条約」が結ばれ、日本も加入しました。その後、金属は経年変化を起こすという理由から、1983年、メートルの基準は**光速**に変更されました〔図2〕。

長さの基準となった「メートル」

メートルの長さの決め方〔図1〕

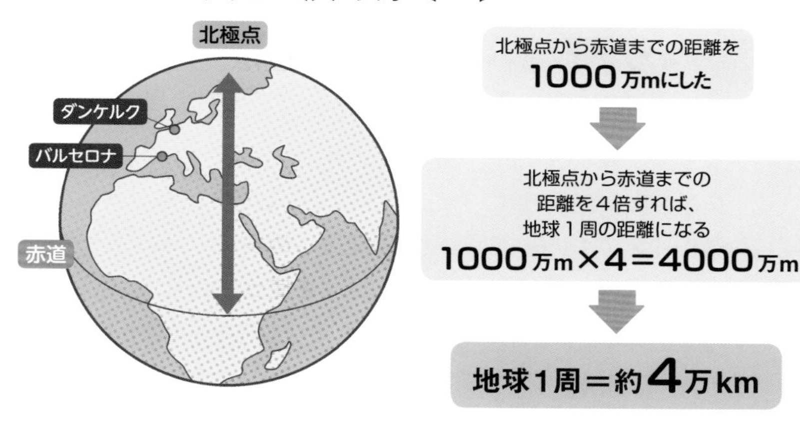

※正確には赤道1周が40075kmで、北極南極経由の1周は40005kmである。

メートル原器の歴史〔図2〕

メートル原器は、1799年、測量結果をもとに板状の最初の原器が製造された。その後、国際会議により1879年、白金イリジウム製の「国際メートル原器」が製造された。

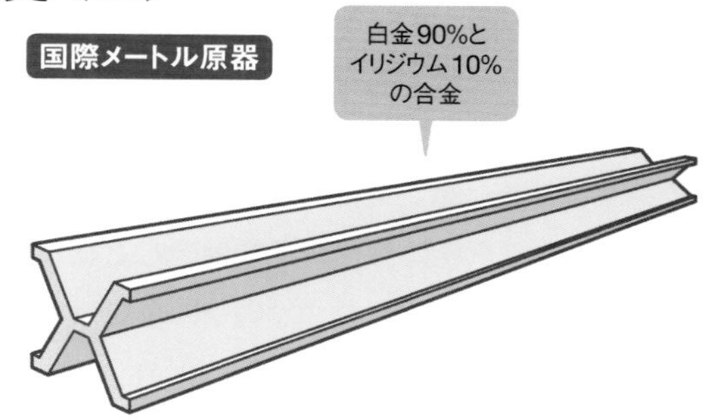

日本は1885（明治18）年にメートル条約に加入し、1890年、国際メートル原器が届けられた。

1983年、1mの基準が、真空中で光が2億9979万2458分の1秒間に進む距離となった。

15 ［知識］ インチ、フィート、マイル…アメリカはメートル嫌い？

インチや**フィート**はアメリカ人の日常生活に浸透している単位で、**変更するのは不可能**！

長さの数字を表す際に「m（メートル）」、質量に「g（グラム）」、体積に「ℓ（リットル）」などの単位を使う制度を**「メートル法」**といいます。メートル法は世界のほとんどの国で採用されていますが、**リベリアとミャンマー、そしてアメリカ合衆国の３か国だけがメートル法を採用していません**。

アメリカでは、長さを表す単位に、**「inch（インチ）」「feet（フィート）」「yard（ヤード）」「mile（マイル）」**などが使われています。ヤードはゴルフ、マイルはメジャーリーグの球速などに使われているので、聞いたことがある方も多いと思います。これらの単位は指の幅や足の長さ、腕の長さなどが基準に数字が決められています〔右図〕。

また、重さを表す単位**「pound（ポンド）」**は、日本ではボクシング選手の体重を示すときなどに使いますが、アメリカでは日常的に使われています。１ポンドは大麦7000粒の重さで、人間が１日に食べる大麦粉の量とされ、「lb」という記号で表します。

こうした独自の単位がアメリカで使われ続けている理由は、諸説ありますが、日常生活に深く浸透しており、今更メートル法に変更することが困難であるためといわれています。

手足を基準にした長さの単位

長さ・質量の単位と由来

インチ

1インチ＝2.54cm

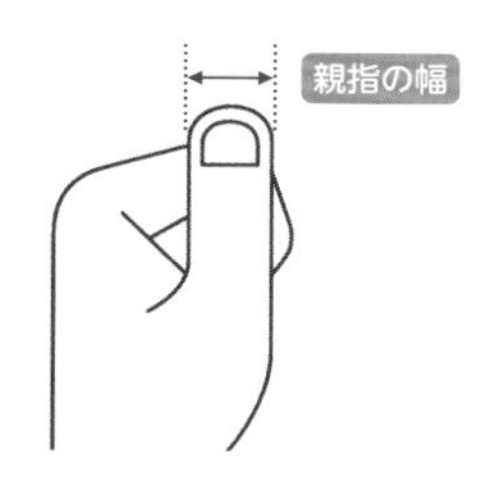

フィート

1フィート＝30.48cm

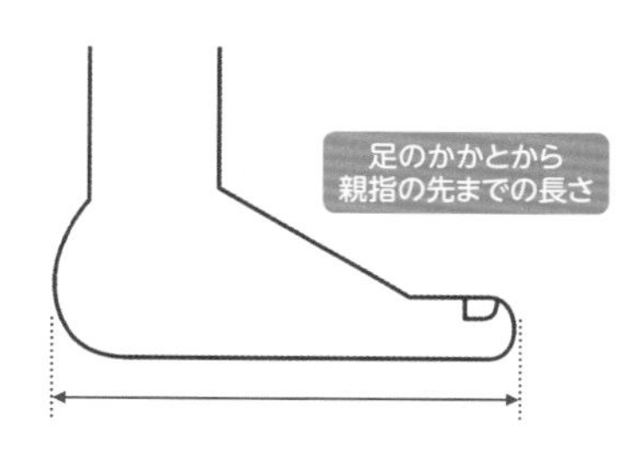

ヤード

1ヤード＝91.44cm

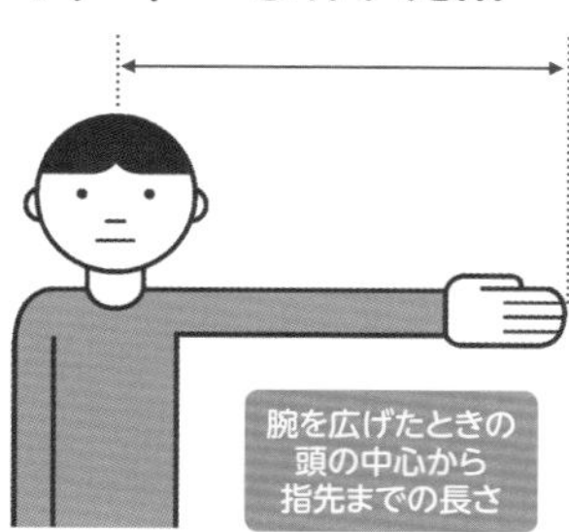

マイル

1マイル＝1609.344m

古代ローマで2歩分の長さ(約161cm)の1000倍

※mile(マイル)はラテン語のmille(千)に由来する

ポンド

1ポンド＝453.592g

大麦1粒の重さが1グレーンで、その7000倍

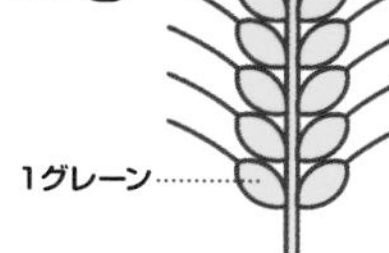

単位の換算表

1フィート＝12インチ
1ヤード＝3フィート
1マイル＝1760ヤード

＼誰かに出したい！／
数学クイズ〈1〉

地球囲うロープを地面から1m離すとき、必要な長さは？

数学的な理論が直感を超えることを示す有名な問題で、1702年にイギリスの数学者ウィリアム・ホイストンが考案しました。

1 地球の赤道上を1周するロープが存在するとします。

2 ロープを地面から1m離すためには、ロープを何m長くする必要があるでしょうか？

答えと解説

地球1周分の距離は約4万km、地球の半径は約6350kmです。ロープを1m地面から離すとどれくらい長くなるでしょうか？

計算しやすいよう、**地球の半径はRm**とします。このとき、地球の直径はR＋R=2R。**円周は「直径×π」**で求められるので、ロープの長さ（地球の円周）は**2R×π＝2Rπ**となります。

ロープの長さの計算方法

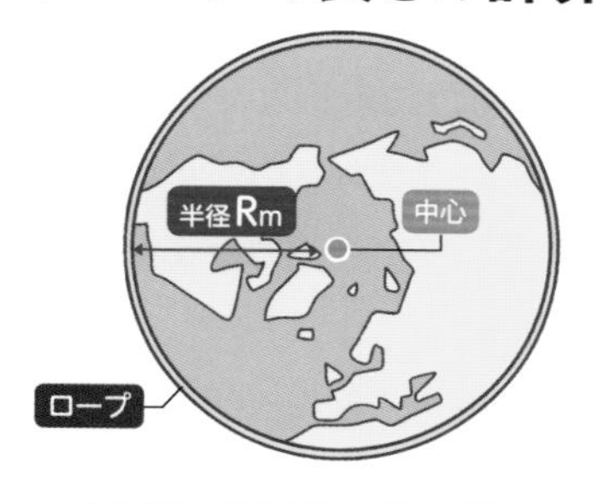

赤道を取り巻くロープの長さ

$2R \times \pi = 2R\pi$

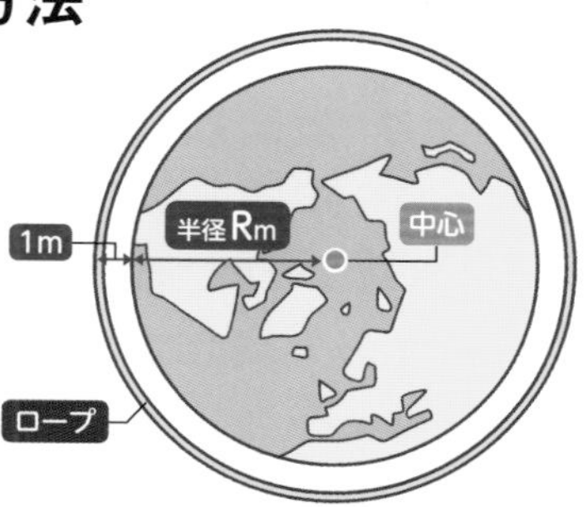

地上1mのロープの長さ

$(R+1) \times 2 \times \pi = 2R\pi + 2\pi$

地上から1m離したとき、ロープがつくる円の半径は**(R＋1)m**となります。このときロープがつくる円の直径は(R＋1)×2=2R＋2となり、ロープの長さ(地上1mの円周)は**(2R＋2)×π＝2Rπ＋2π**となります。つまり、ロープを地上から1m離すために必要な長さは、(2Rπ+2π)－2Rπ=2π(m)。πは約3.14なので、**6.3mあれば十分**なのです。

16
［数］

「偏差値」はどう計算して、何を示しているのか？

偏差値とは、**ある集団**の中での**自分の学力**!
データのばらつきを示す**標準偏差**から求める!

全国模試などのテストを受けたとき、結果用紙に**「偏差値」**が記されます。点数が悪くても偏差値はよかったり、その逆だったりと、偏差値はどのように計算されて、何を表しているのでしょうか？

偏差値とは、**ある集団の中での自分の学力**を示します。偏差値50が平均点を示し、平均点からどの程度の差があるのかがわかるしくみです。そのため、同じ点数でも学力の高い集団では偏差値は下がり、学力の低い集団では偏差値が上がるのです。

偏差値を求めるには、まず平均点を求めます。平均点は、受験者の総得点を、受験者数で割って計算します。次に、**「標準偏差」**を求めます。**標準偏差とは、データのばらつきの度合いを示す指標**で、偏差（各点数と平均点との差）から分散（偏差の２乗の平均）を求め、分散の平方根を計算して求めます。標準偏差が出ると、偏差値を計算できるのです〔右図〕。

平均点の近くに受験者の得点が集中していれば標準偏差は小さくなり、各得点がばらついていれば標準偏差は大きくなります。受験者が少ない場合や、受験者の学力レベルの差が大きい場合は、偏差値はあまりあてになりません。偏差値は、**自分の学力レベルに合った集団でテストを受けたときに、役立つ指標**なのです。

標準偏差から偏差値を求める

▶偏差値の求め方

A、B、C、D、Eの5人がテストを受けたとする。

Ⓐ 80点　Ⓑ 70点　Ⓒ 60点　Ⓓ 50点　Ⓔ 40点

1 5人の平均点を求める

80＋70＋60＋50＋40＝300

300÷5＝60点

2 偏差（各点数と平均点との差）と偏差の2乗を求める

	偏差	偏差の2乗
Ⓐ	80－60＝20	400
Ⓑ	70－60＝10	100
Ⓒ	60－60＝0	0
Ⓓ	50－60＝ -10	100
Ⓔ	40－60＝ -20	400

3 分散（偏差の2乗の平均）を求める

(400＋100＋0＋100＋400)÷5

＝200

4 分散の平方根を計算し、標準偏差を求める

$\sqrt{200} = 14.1421...$

標準偏差は 14.14

5 偏差値を求める

$$偏差値 = \frac{点数 - 平均点}{標準偏差} \times 10 + 50$$

Ⓐ $\frac{80-60}{14.14} \times 10 + 50 = 64.1$

Ⓑ $\frac{70-60}{14.14} \times 10 + 50 = 57.1$

Ⓒ $\frac{60-60}{14.14} \times 10 + 50 = 50$

Ⓓ $\frac{50-60}{14.14} \times 10 + 50 = 42.9$

Ⓔ $\frac{40-60}{14.14} \times 10 + 50 = 35.9$

17 ［図形］ 「直線」もいろいろある？「直線」と「図形」の概念

直線は「**直線**」「**半直線**」「**線分**」に分類。
複数の直線が「**交わる**」ことで**図形が生まれる**。

「直線」とはまっすぐな線のことですが、数学的に何か決まりはあるのでしょうか？ 「幾何学(きかがく)の祖」とされる古代ギリシアの数学者**エウクレイデス（英語名：ユークリッド）**は、著書『原論(げんろん)』の中で、**「線は幅のない長さで、線の端が点である」**というように定義しています。つまり、鉛筆やペンで描いた線には幅がありますが、エウクレイデスの定義においては、線や点の幅は無視するということになるのです。

エウクレイデスが体系化した**「ユークリッド幾何学」**では、無限に続くまっすぐな線を**「直線」**、片方だけ終わりがあるまっすぐな線を**「半直線」**、はじまりと終わりのあるまっすぐな線を**「線分」**と呼びます〔**図1**〕。同じ平面上で、交わることのない２本（またはそれ以上）の直線を**「平行線」**といいます。

平行でない直線は必ずどこかで交わります。直線どうしが交わる点を**「交点」**といい、２直線が交わると４つの「角(かく)」ができます。ここでできる角には、いくつかの法則が生まれます〔**図2**〕。そして、複数の直線で囲まれた図形を**「多角形」**と呼びます。平行でない３つの直線がつくる多角形は**「三角形」**となります。このように、直線の概念から、さまざまな図形が生み出されていきます。

直線の種類と平行線がつくる角

「直線」「半直線」「線分」のイメージ〔図1〕

直線

無限に続くまっすぐな線。

半直線

片方だけ終わりのある
まっすぐな線。

線分

はじまりと終わりのある
まっすぐな線。

平行線と同位角・錯角・対頂角〔図2〕

- AとCは同位角
- BとCは錯角
- AとBは対頂角（常に等しい）

平行な2直線に、
斜めに直線が交わるとき、
同位角と錯角は等しい

すごい！数学者 03

エウクレイデス

【紀元前3世紀頃】

古代ギリシアの数学者。英語読みでは「ユークリッド」。『原論』13巻を著した。エウクレイデスの厳密な数学的証明によって体系化された幾何学は、「ユークリッド幾何学」と呼ばれる。

18 ［図形］ 三角形、四角形、円の特徴と面積の求め方は？

三角形と四角形は数種類に分けられるが、円はすべて同じ形で直径・円周の比率が不変！

直線の交わりでつくられる「三角形」や「四角形」にはさまざまな種類があります。それぞれの特徴を見ていきましょう。 三角形は、角（内角）や辺の長さによって「正三角形」「直角三角形」「二等辺三角形」などに分類されます。四角形は「正方形」「長方形」「台形」「ひし形」などに分けられます。四角形は対角線で２つの三角形に分けられるため、**四角形の内角の和は360°**になります（三角形の内角の和180°×２）。三角形の面積は、すべて**「底辺×高さ÷2」**で求められますが、四角形は種類によって面積の計算方法がちがってきます〔図1〕。

また、**「円」**とは数学ではどう定義されるのでしょうか？　円は、**「平面上の『ある１点』から等しい距離にある点全体がつくる図形」**とされ、「ある１点」のことを「**中心**」と呼びます。円を形づくる曲線（円の周囲の長さ）を**「円周」**といい、円周上の２つの点を結び、円の中心を通る直線を**「直径」**、中心から円周までのびる直線を**「半径」**といいます〔図2〕。

ちなみに、**円周の直径に対する比率が「円周率」**で、その値は3.1415…と小数点以下が無限に続く**「無理数」**（➡P28）であるため、**「π」**という記号で表します。

三角形・四角形・円の基本情報

三角形・四角形のおもな種類〔図1〕

三角形 面積を求める公式は、すべて **底辺×高さ÷2** 。

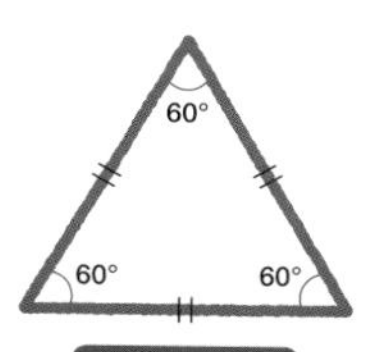

正三角形
3辺の長さがすべて等しい。

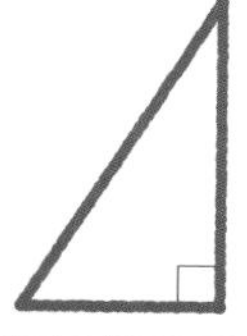

直角三角形
1つの角が直角(90°)。

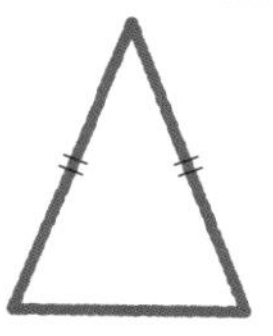

二等辺三角形
2辺の長さが等しい。

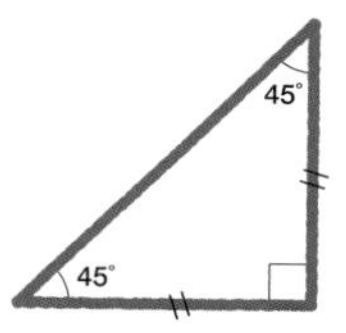

直角二等辺三角形
1つの角が直角で、2辺の長さが等しい。

四角形 面積を求める公式は種類によってちがう。

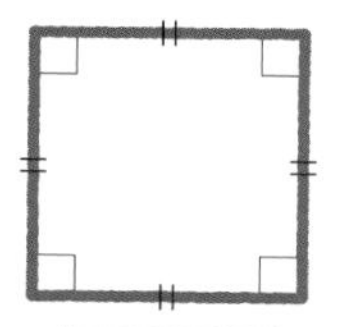

正方形
4辺の長さが等しく、4角がすべて直角。

1辺×1辺

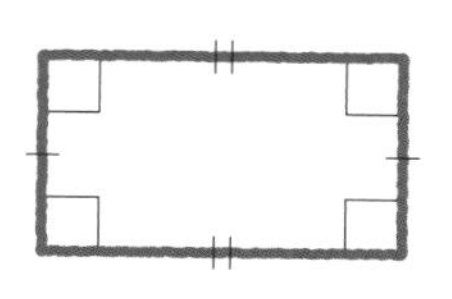

長方形
4角がすべて直角で、対辺の長さが等しい。

タテ×ヨコ

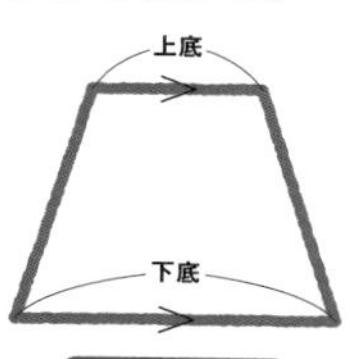

台形
1組の対辺が平行。

(上底＋下底)×高さ÷2

ひし形
4辺の長さが等しく対辺が平行。

対角線×対角線÷2

円の基本的な特徴と公式〔図2〕

円周率(π)＝3.1415926…

円周＝直径×π

円の面積＝半径×半径×π

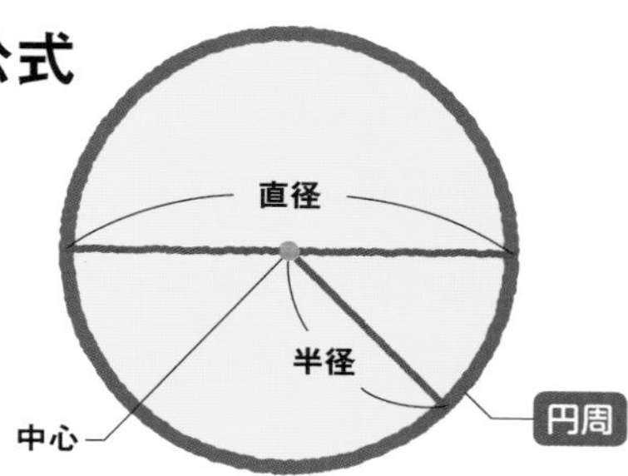

19 ［図形］ 三角形などの求め方は、いつ頃発明されたの？

古代エジプトや**古代メソポタミア**の人びとは、直角三角形の**辺の長さの比率**を知っていた！

古代エジプトでは、測量技術や幾何学（きかがく）が発達していました。これはなぜかというと、毎年、春にナイル川が氾濫していたことが原因といわれています。川の氾濫によって水におおわれた農地は、所有者どうしの境界がわからなくなってしまうため、毎年、農地の区画整理を行う必要があったのです。

古代エジプトの測量技術者は**「縄張師（なわばりし）」**と呼ばれ、縄を使って長さや面積を測っていました。縄張師は、**辺の長さが３対４対５の三角形をつくると、直角三角形になる**ことを知っていました〔図1〕。ここから直角三角形や長方形などの面積の求め方を活用して、氾濫後の農地を、正確に区画整理できたのです。

また、**古代メソポタミア**（現在のイラク）でも数学が発達していました。メソポタミア南部の**バビロニア**では、２次方程式の解き方など、高度な計算方法が「くさび形文字」によって刻まれた粘土板が発見されています。さらに**「プリンプトン322」**と呼ばれる粘土板には「120・119・169」「3456・3367・4825」など**直角三角形となる辺の長さの比率**が数多く刻まれています〔図2〕。

このように、古代から高いレベルにおいて、直角三角形の研究が進んでいたのです。

古代から研究された直角三角形

縄張師の測量方法〔図1〕

1 1本のロープに、同じ間隔で12個の結び目をつくる。

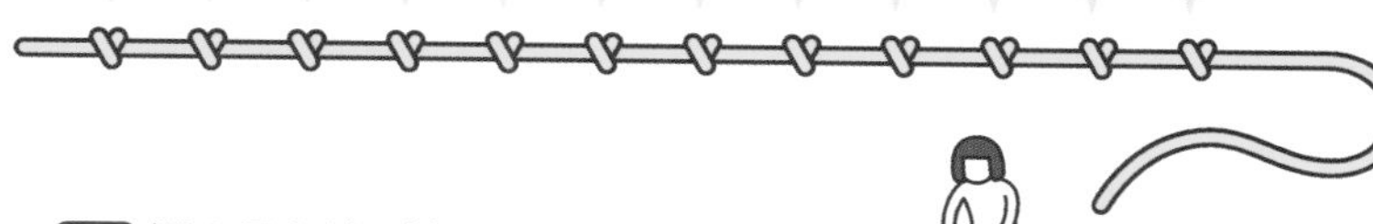

2 辺の長さが3対4対5の三角形になるようにロープをぴんと張る。

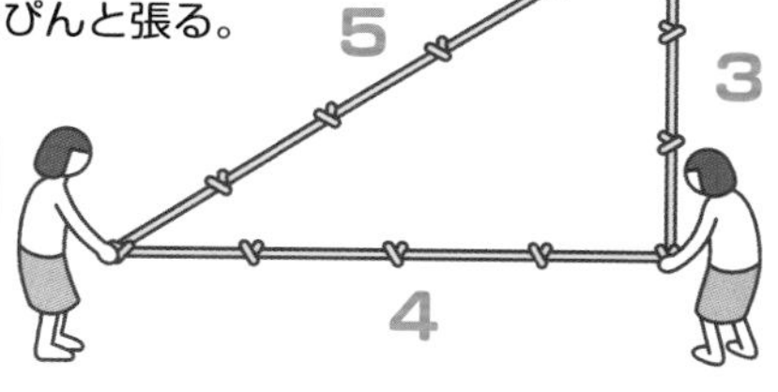

直角三角形が完成

縄張師は、長方形や直角三角形を組み合わせて測量を行った。

プリンプトン322〔図2〕

粘土板に刻まれた「くさび形文字」は数字を表し、直角三角形の辺の長さの比率を表すとされるが、近年は計算問題だとする説も出されている。

20 ［図形］ 「ピタゴラスの定理」って？ そもそも「定理」って何？

なるほど！ ピタゴラスの定理は**直角三角形**に関する定理。
定理とは、**公理**と**定義**から導き出された結論！

「ピタゴラスの定理」は、**「三平方の定理」**とも呼ばれる有名な定理です。そもそも**「定理」**とは何でしょうか？

数学上の定理とは、**「公理」と「定義」から導き出された結論**のことです。公理とは「平面上の異なる２点を通る直線は１本だけ存在する」というような**「誰もが理解できる大前提」**のことです。定義とは**「用語の意味を明確にした決まり」**のことで、例えば、直角三角形の定義は「内角の１つが直角である三角形」というものです。定理の正しさを、根拠を示して事実であることを明らかにすることを**「証明」**といいます。事実のようだけど、いまだに証明されていない**「命題」**（真偽の対象となる文章や式）は、「定理」ではなく**「予想」**と呼ばれます。

「ピタゴラスの定理」は、古代ギリシアの数学者**ピタゴラス**が発見した、**直角三角形に関する定理**のひとつで、斜辺の長さをc、その他の２辺の長さをa、bとした場合、**「$a^2+b^2=c^2$」**が成り立つというものです〔図1〕。

ピタゴラスは床のタイルの市松模様を眺めているときに、この定理を見つけたといわれています。ちなみに、ピタゴラスの定理は、200通り以上の証明方法があるといわれています〔図2〕。

基本的な定理と証明

ピタゴラスの定理〔図1〕

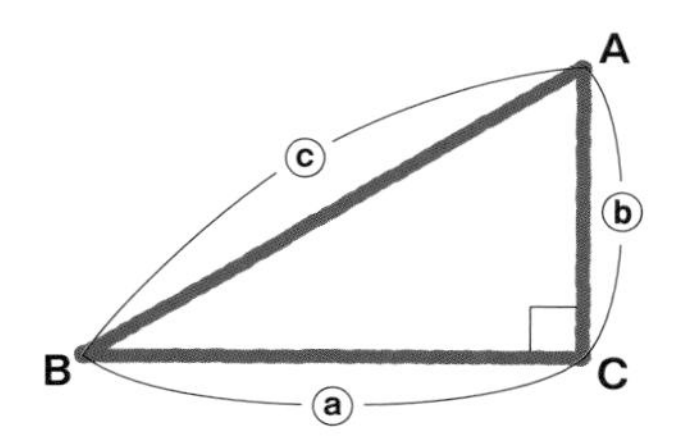

内角Cが90°の直角三角形において、

$$a^2+b^2=c^2$$

となる定理。

ピタゴラス

【紀元前570頃～紀元前496頃】

古代ギリシアの数学者。「万物の根源は数である」と主張し、宗教・学術結社「ピタゴラス教団」を組織した。

ピタゴラスの定理の証明のひとつ〔図2〕

下の図のように、４つの直角三角形を組み合わせて正方形をつくる。１辺がａ＋ｂの正方形の中に、１辺がｃの正方形ができる。

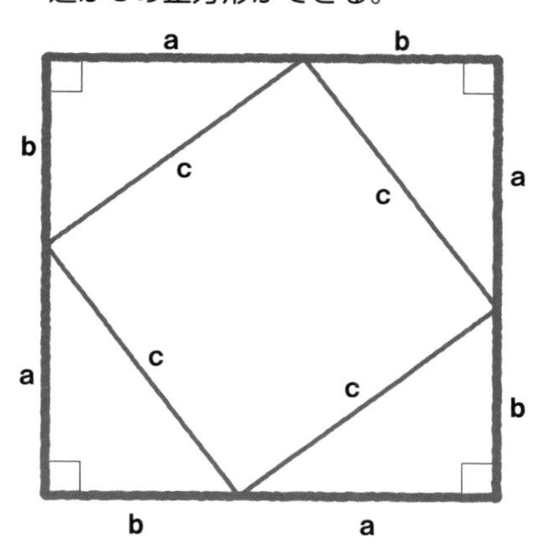

１辺がa＋bの正方形の面積は、

$$(a+b)\times(a+b)=a^2+2ab+b^2$$

次に1辺がcの正方形の面積と、4つの直角三角形の面積の合計を求める。

$$c^2+(a\times b\div 2)\times 4=c^2+2ab$$

2つの面積は等しいので、

$$a^2+2ab+b^2=c^2+2ab$$
$$a^2+b^2=c^2$$

となる。

21 ［図形］アルキメデスが考案した「ストマキオン」とは何？

なるほど！ 14個の決まった形の**多角形ピース**を組み合わせて、**正方形**をつくり出す**パズル**！

古代ギリシアの数学者**アルキメデス**は、数学だけでなく、物理学や天文学などあらゆる分野に精通。アルキメデスが確立した理論は、19世紀の数学の概念を先取りしたものでした。この数学史上の大天才が考案したパズルが、**「ストマキオン」**です。

ストマキオンは、アルキメデスの著作を収めた現存する唯一の写本から解読されました。ストマキオンの訳は「腹痛」ですが、「腹痛になるほど難しいパズル」という意味で名づけられたそうです。ストマキオンは、12マス×12マスの正方形から切り出された**14個の決まった形の多角形**で構成されています〔右図〕。アルキメデスは、14個の多角形を並べ替えることで、もとの正方形をつくる方法が何通りあるのかを試そうとしたのです。古代の数学には**「組み合わせ論」**はなかったので、アルキメデスはこの分野でも先駆者であったことがわかります。

この問題の解答が出たのは、アルキメデスが出題してから約2200年後の2003年。コンピュータを駆使して、**1万7152通り**であることがわかりました。このうち**対称になるものを除くと536通り**になるそうです。ストマキオンに挑戦すると、アルキメデスの偉大さを感じることができるかもしれません。

アルキメデスのストマキオン

12マス×12マスの正方形から切り出した14個のピースで、構成されている。

12マス

12マス

これがストマキオン

正解例

これらは正解の例で、正解は1万7152通りも存在する！

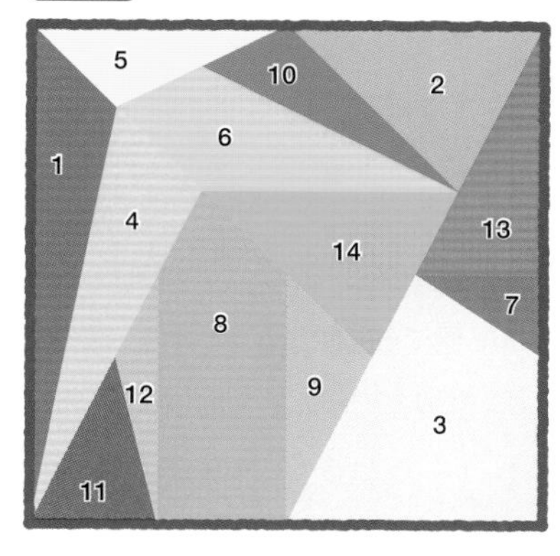

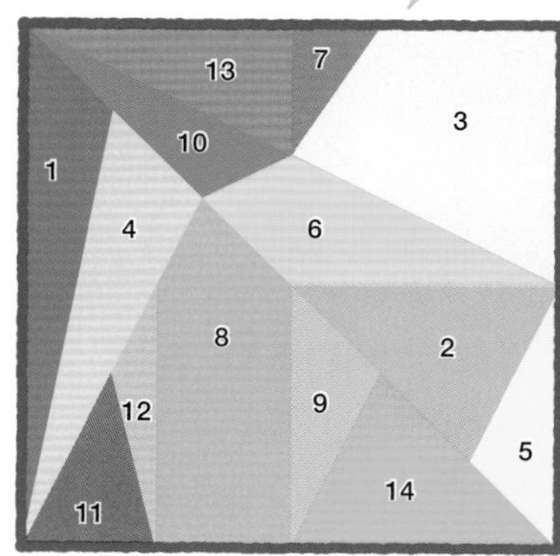

これなら当たる!?
選んで数学
②

Q 地図を塗り分けるには最低何色が必要？

2色 or 3色 or 4色 or 5色

日本地図や世界地図。白地図を都道府県別や国別に色を塗り分けたいとき、隣り合う地域は別の色で塗らなければ、わかりにくくなってしまいます。さて、どんな地図でも塗り分けるには、最低何色必要になるでしょうか？

「地図の塗り分けには最低何色必要か？」。実はこの問題、古くからの地図製作者にとって、頭を悩ませてきた問題でした。数学の世界でも、1852年、イギリスの学生フランシス・ガスリーが、イギリスの郡の地図を塗り分けようとしたとき、「4色あれば十分では？」と予想したことで、「**4色問題**」として問題となりました。

地図の塗り分けルールは、**「境界線を接する別の地域は別の色にするが、点のみを共有する地域は同じ色でもよい」**と考えてください。

さて、ここで「４色問題」を考えてみましょう。例えば、ある地域が、いくつかの地域と接しているとき、接する地域の数が偶数であれば３色で塗り分けられます。しかし接する地域の数が奇数であれば、最低４色が必要になります。

接する地域が偶数・奇数の場合の塗り分け

接する地域が偶数

3色あれば塗り分け可能

接する地域が奇数

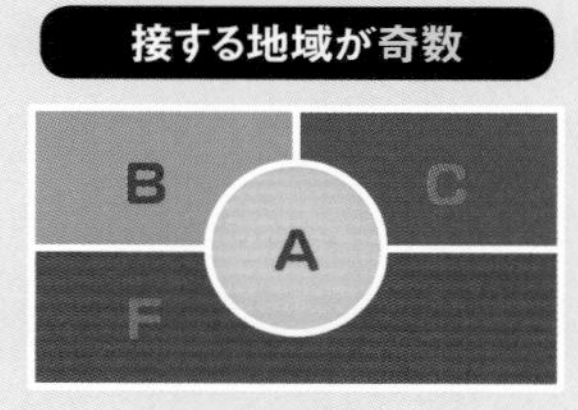

塗り分けには4色必要

ただ、どのような場合でも４色あれば塗り分けられることを、数学的に根拠を示して明らかにすることは、難問でした。数多くの数学者たちが４色問題の証明に挑戦しましたが、失敗が続きました。未解決問題となっていた４色問題は1976年、数学者のケネス・アッペルとヴォルフガング・ハーケンが、コンピュータを利用して約2000個のパターンを見つけ出し、ついに証明することができました。４色問題は、**「４色定理（平面上のいかなる地図も、隣り合う地域が異なるように色分けするには、４色あれば十分）」**ということで決着がついたのです。

つまり答えは「４色」です。ただ、コンピュータを使った証明は「数学的でない」と落胆した数学者も多かったそうです。

22 ［図形］ ミツバチの巣の形はなぜ正六角形なのか？

ミツバチは本能的に、**最小限の材料と力**で、**最大限に広い空間**をつくろうとしているから！

正三角形や正方形など、**すべての辺の長さとすべての内角の大きさが等しい多角形を「正多角形」**といいます。自然界の中にある正多角形には、**ミツバチの巣の「正六角形」**が知られています。ではなぜ、ミツバチの巣は正六角形をしているのでしょうか？

床にタイルを敷き詰めるように、平面に正多角形をすき間なく埋め尽くすとしたら、**「正三角形」「正方形」「正六角形」**の３種類しか使えません。平面を埋め尽くすには、正多角形の内角を合わせた合計が360°になる必要があるからです〔図1〕。また、１cm^2をつくるのに必要な外周の長さは、正三角形では約4.5cm、正方形では４cmですが、正六角形では約3.72cmです。つまり、３種類の中で、**一番短い外周で広い空間をつくれるのは正六角形**なのです。

ミツバチの巣の材料は、ミツバチが分泌する蜜蝋（みつろう）です。しかし蜜蝋の分泌量は少なく、巣づくり作業も大変です。ミツバチは、最小限の材料と労働力で、できるだけ広い空間をつくるために、巣の形を正六角形にしているのです。

正六角形がすき間なく並ぶ構造は「ハニカム構造」と呼ばれ、少ない材料で強度を保てるため多くの製品に応用されています〔図2〕。ハニカムとは「ミツバチの櫛（くし）（ハチの巣）」という意味です。

平面を埋め尽くせる正多角形

平面にすき間なく並べられる正多角形〔図1〕

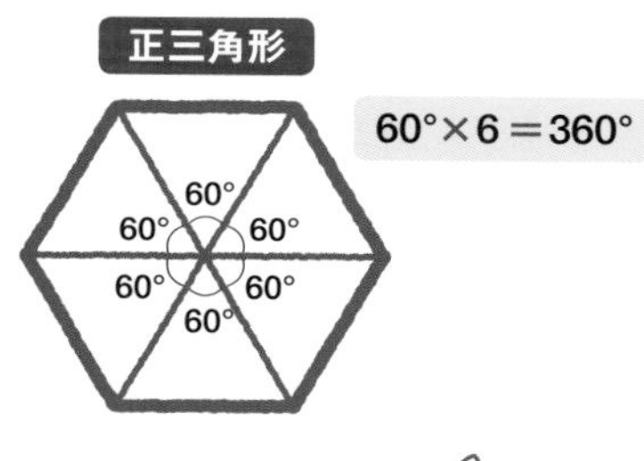

60°×6＝360°

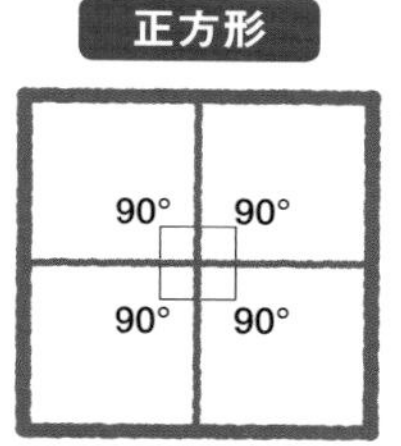

90°×4＝360°

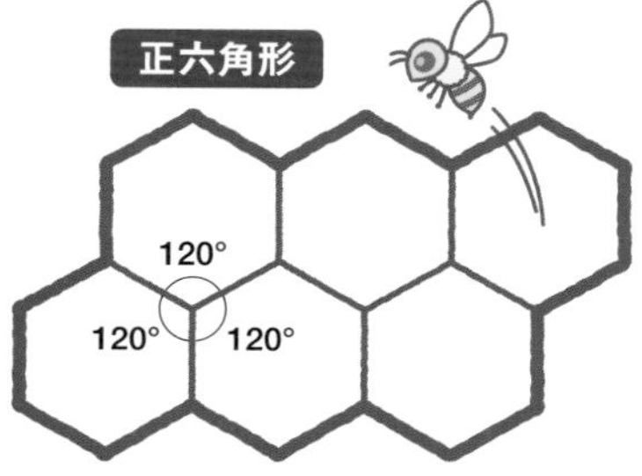

120°×3＝360°

正六角形（内角の大きさが120°）より大きな内角で、合計360°にするためには、180°(×2)しかないが、内角が180°（直線）の正多角形は存在しない。

ハニカム構造を採用した製品〔図2〕

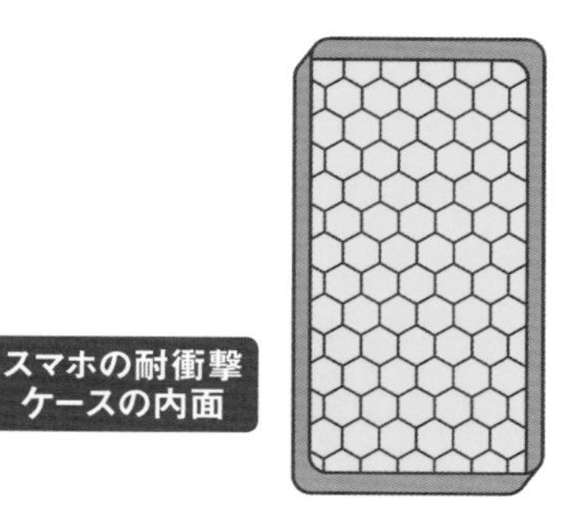

23 ［図形］ ホールケーキを5等分する方法は？

丸いなら円の**中心角を５等分**すればOK。
四角いと５等分の難易度は上がる！

丸いホールケーキを人数分で分割する…。なかなかむずかしい作業ですが、円の性質を知れば最適な分け方をすることができます。

円は、**中心から外周までの距離（半径）は、どこでも等しい**ことが特徴です。この円の性質を利用したものが、マンホールです。マンホールのふたは円形が一般的。円形ならば、割れたりしない限り、どんなに傾けても穴には絶対落ちません。これが四角形だと、たてや横の１辺の長さが、対角線よりも短くなります。このため、四角形のふたはナナメに傾けると穴に落ちてしまうのです〔図1〕。

そして、「円の半径がすべて等しい」ということは、**円の中心角360°を均等に分ければ、面積も均等に分けられる**ということを意味します。例えば、円形のホールケーキを３等分したいときは中心角を３等分（120°ずつ）に分割し、５等分したいときは中心角を５等分（72°ずつ）に分割すればよいのです〔図2 左〕。

ちなみに、四角形のケーキを５等分する作業は、非常に難易度が高くなります。例えば正方形のホールケーキを、**ケーキの中心（対角線の交点）**を通る線で５等分するときは、全体の$\frac{1}{5}$の面積の三角形を切り取り、残った部分を４等分することになり、すべて同じ形にはならないのです〔図2 右〕。

円は面積を等分割しやすい!

マンホールのふたが円形である理由〔図1〕

四角形のふただと、対角線が辺よりも長いため、ナナメにしたとき穴に落ちてしまう。

円形のふただと、どんな角度で落ちても穴のふちにひっかかる。

円形・正方形のケーキを5等分する方法〔図2〕

円形 円形の紙に中心角を72°で5等分した線を書き、その線に沿って切る。

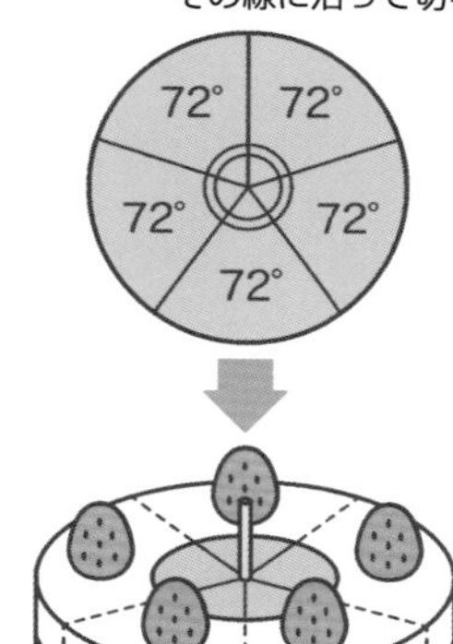

正方形 1辺の長さが10cmの場合、正方形の面積は100cm^2。切り分けた面積20cm^2(100cm^2÷5)になるようにする。

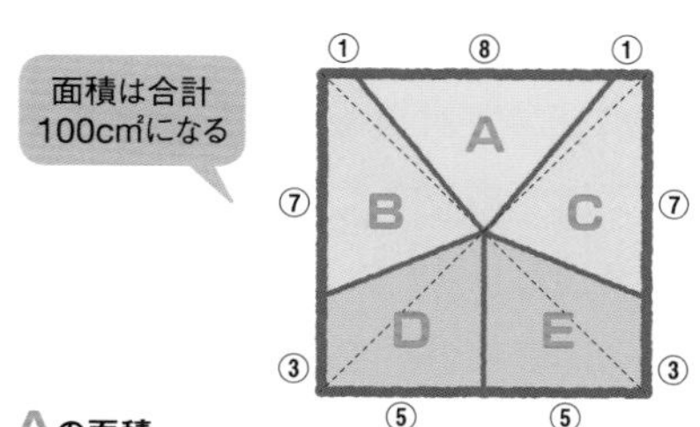

Aの面積

$8\times(10\div2)\div2=20\text{cm}^2$

B、Cの面積

$1\times(10\div2)\div2+7\times(10\div2)\div2=20\text{cm}^2$

D、Eの面積

$3\times(10\div2)\div2+5\times(10\div2)\div2=20\text{cm}^2$

(単位はcm)

24 ［図形］ 円周率は誰が、どうやって見つけて計算したの？

古代の人が、**荷馬車の回転**で円周率を発見。
アルキメデスが初めて数学的に計算した！

円周率とは、円周が直径の何倍になるかを示す値のことです。3.1415…と小数点以下が無限に続く**「無理数」**（➡**P28**）であることがわかっています。そのため、円周率は「**π**」という記号で表します。また、πの値は円の大きさに関係なく一定です。πのように時間や条件によって変化しない数のことを「定数」といいます。

人類は古代より、円周率の値を求めてきました。古代の人々は、荷車の車輪が１回転するとき、荷車が車輪の直径の約３倍進むことで円周率に気づいたと考えられています。数学史上、円周率を数学的に初めて計算したのは**アルキメデス**（➡**P78**）です、アルキメデスは**「取りつくし法」**と呼ばれる計算方法で、ほぼ正確に円周率を算出しました。取りつくし法とは、円に内接・外接する正多角形から円周率の範囲を求める計算です〔右図〕。アルキメデスは内接・外接する正多角形を、ほぼ円形の**正九十六角形**にし、内接する正九十六角形の外周は$\frac{223}{71}$、外接する正九十六角形の外周は$\frac{22}{7}$と求めました。これにより**πは$\frac{223}{71}$（3.140845…）より大きく、$\frac{22}{7}$（3.142857…）より小さい**ことがわかったのです。

現在ではコンピュータによって、円周率は約62兆8000億桁まで計算されているそうです。

取りつくし法の考え方

▶円に接する正方形・正六角形で考える取りつくし法

取りつくし法では、円に内接・外接する多角形から円周を求める。

正方形の場合

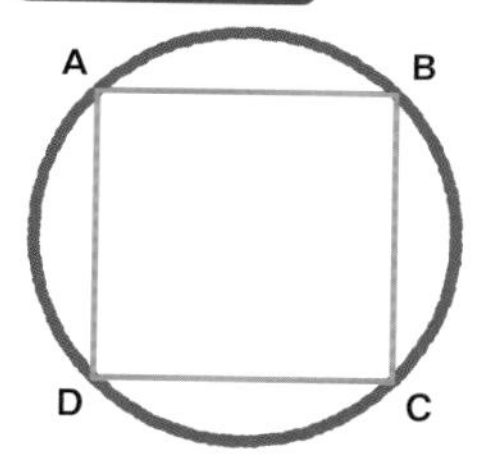

正方形の辺 AB の長さは、
円の弧 AB より短い。

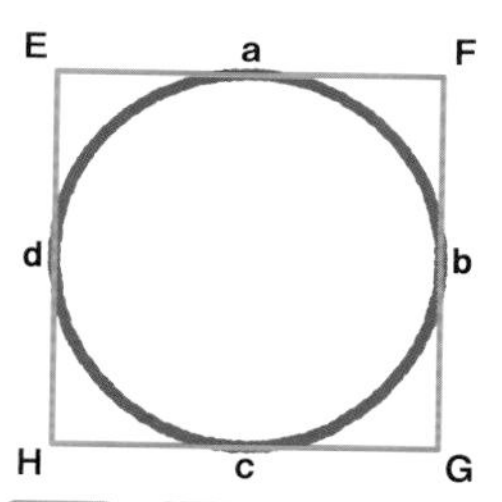

Ea ＋ Ed は、
円の弧 ad よりも長い。

➡ 円に内接する正方形の外周は**円周より小さい**ことがわかる。

➡ 円に外接する正方形の外周は**円周より大きい**ことがわかる。

正六角形の場合

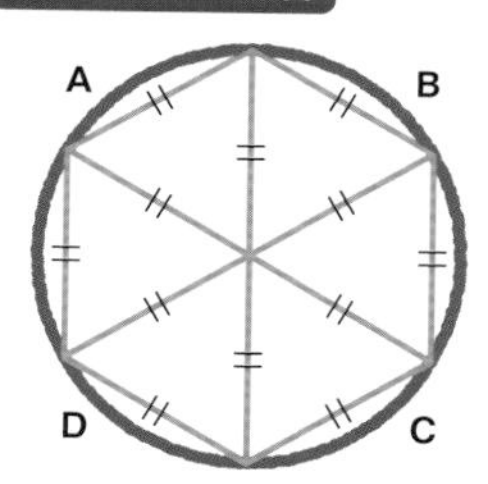

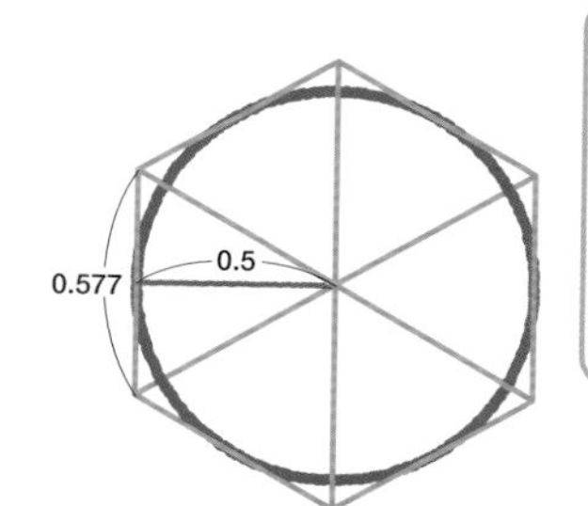

正三角形の公式

$$a=\frac{2}{\sqrt{3}}h$$

a a h a

直径１の円に内接する正六角形は、正三角形６つに分割できるため、正六角形の外周は３となり、円周は**３より大きい**ことがわかる。

円の半径（0.5）は、正三角形の高さになる。**正三角形の公式**より、１辺の長さは**2÷（1.732…）×$\frac{1}{2}$＝0.577**…これを６倍すると**3.464**…となる。

➡ 円周率は**3より大きく3.464より小さい！**

25 ［図形］ 昔の人は、地球の全周をどうやって計算したの？

２つの都市における**太陽の高度差**と、**都市間の距離**を使って計算した！

素数を見つけ出す方法を考案した古代ギリシアの数学者**エラトステネス**は、紀元前３世紀頃、地球全周の距離をほぼ正確に算出したことでも知られています。どうやって計算したのでしょうか？

ギリシア人は、太陽や月の観察によって**地球が球体である**ことを知っていました。エラトステネスは、１年のうち最も太陽が高く昇る夏至の日の正午に、シエネという都市の深い井戸の底に、太陽の光が反射して見えることを見つけました。これは、**太陽が地面を真上から照らしている**ことを意味しています。同じ日の正午、シエネ北部の都市アレクサンドリアでは、太陽は真上まで昇っていませんでした。エラトステネスは、立てた棒の影によって、**シエネとの太陽高度の差が7.2°である**ことを突き止めました〔図1〕。

360°÷7.2°＝50となることから、エラトステネスは、両都市間の距離5000スタジア（＝当時の距離の単位）を50倍し、地球全周は25万スタジアであるとしました〔図2〕。

１スタジアは約0.185kmだったので、25万倍したとすると**約46250km**になります。実際の地球全周の距離は約４万kmなので、これはかなり近い数値であるといえます。古代でも数学によって、地球の大きさを知ることができたのです。

地球全周の測定方法

夏至の日の太陽高度〔図1〕

シエネではできない影が、アレクサンドリアでは棒を立てると影ができたことから、太陽高度の差が7.2°であることを計測した。

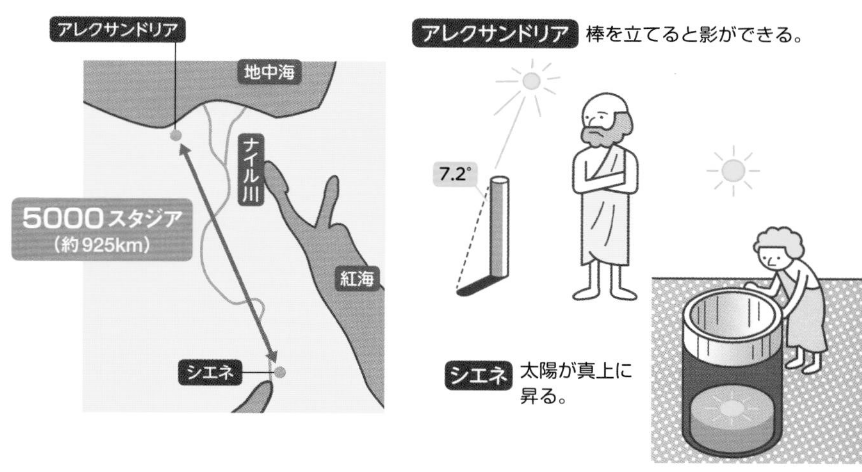

太陽高度の差ができる理由〔図2〕

太陽光は平行に地球に降り注いでいるが、緯度のちがいによって太陽高度の差が生じる。これにより地球全周は、

$$5000\text{(スタジア)} \times \frac{360°}{7.2°} = 25\text{万(スタジア)}$$

と算出できる。

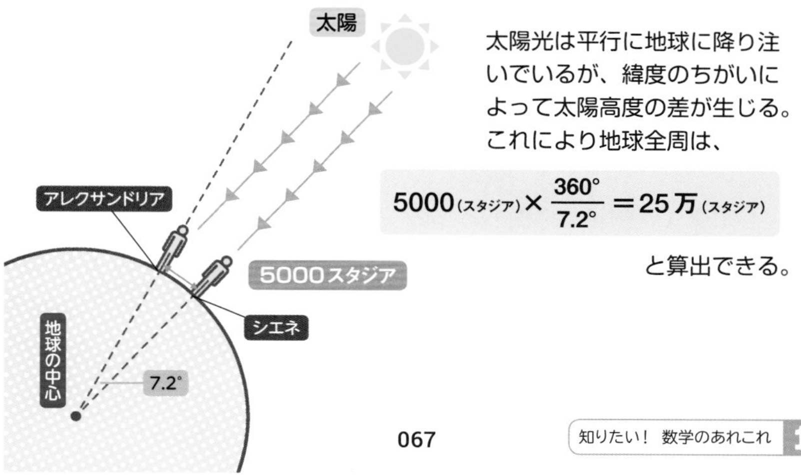

26 ［図形］ 三日月形の面積計算？「ヒポクラテスの定理」

なるほど！ 円周率を使うことなく、**曲線**で囲まれた**特定の三日月形の面積**が正確に求められる！

曲線に囲まれた図形の面積は、どう計算すればよいのでしょうか？古代ギリシアの数学者たちは、領地などの面積を測るために、**「円と同じ面積をもつ正方形を定規やコンパスを使って描けるか？」**という**「円積問題」**に取り組んでいました〔図1〕。

当時、円の面積が「半径×半径×π」で求められることは知られていましたが、πは3.141…という無理数なので、おおよその数値しか求めることができません。そうした中、円積問題の研究を続けていた数学者**ヒポクラテス**は、**特定の三日月形の面積であれば、円周率を使わずに面積を正確に求められる**ことを発見しました。これが**「ヒポクラテスの定理」**です。

ヒポクラテスの定理は、直角三角形ABCにおいて、辺ＡＢ、ＡＣ、ＢＣを直径とする半円を、すべて同じ側に描いたときに、２つの三日月形（S_1、S_2）の面積の和は、直角三角形の面積（S_3）に等しいというものです〔図2〕。ヒポクラテスの定理は、**ピタゴラスの定理**（➡P54）を使うと、正しいことが証明できます。

ちなみに円積問題は、１８８２年にπが**超越数**（あらゆる代数方程式の解にならない数）であることが証明されたことで、作図は不可能であることが数学的に証明されました。

円積問題からヒポクラテスの定理へ

円積問題〔図1〕

与えられた円と同じ面積の正方形を作図できるか？

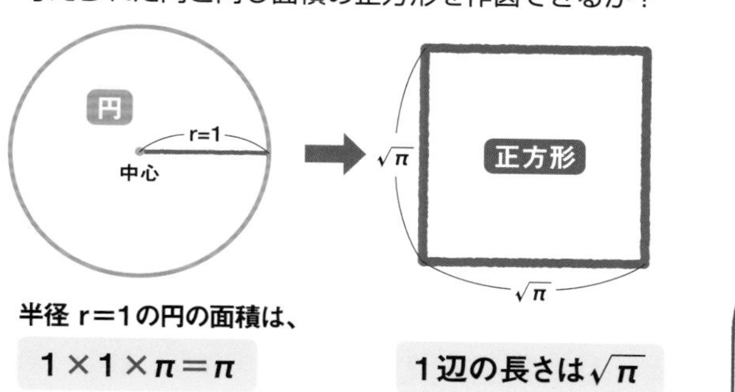

半径 r=1の円の面積は、

$1 \times 1 \times \pi = \pi$

1辺の長さは$\sqrt{\pi}$

ヒポクラテスの定理と証明〔図2〕

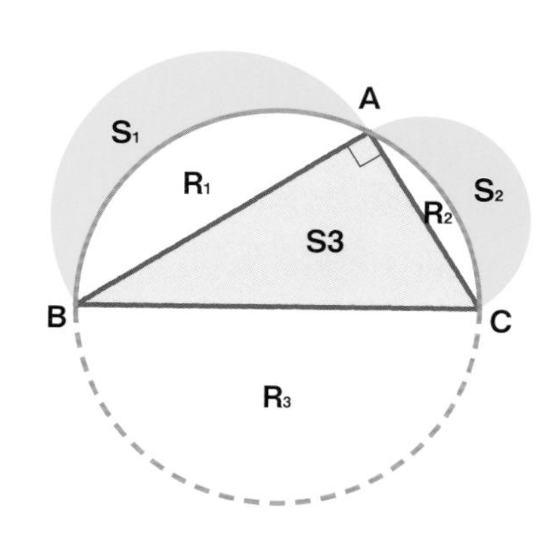

直角三角形ABCの面積 S_3 は、

三日月形 $S_1 + S_2$ の面積に等しい。

証明　ピタゴラスの定理より

$AB^2 + AC^2 = BC^2$

半円の面積は$(直径 \times \frac{1}{2})^2 \times \pi \times \frac{1}{2}$
なので、

$$(S_1 + R_1) + (S_2 + R_2) = R_3$$

半円R_3は$R_1 + R_2 + S_3$と同じ面積なので、

$$S_1 + R_1 + S_2 + R_2 = R_1 + R_2 + S_3$$

よって $S_1 + S_2 = S_3$ となる。

27 [数] 無限に存在する?「素数」とはどんな数?

なるほど! 素数とは**その数と「1」でしか割り切ることができない自然数**のことで、無限に存在する!

割り算をするとき、4なら2で割り切れて、6なら3で割り切れます。このように、ある整数を割り切ることのできる整数を「約数」といいます。しかし、2や3はこれ以上割り切れません。2や3のように、**その数と「1」でしか割り切ることができない数を「素数」**といいます。2以外の素数はすべて奇数で、「1」は含みません。

2以上の自然数は、「素数」か、1とその数以外に約数をもつ「合成数」のどちらかに分類され、無数に存在することがわかっています。また、奇数の素数は、nを自然数とすると「4n+1」または「4n-1」で表せますが、この数式で表せる数が素数なわけではありません。また、「4n+1」で表せる素数は、$13=2^2+3^2$のように、2つの2乗の和で表せるという不思議な性質があります。

古代ギリシアの数学者**エラトステネス**は、素数を見つけ出す方法を考案しました。例えば1~100までの中でなら、1から順番にマス目状に数を書き、2の倍数、3の倍数と小さい素数から順番に線で消し、線を引かれずに残った数が素数です。この方法は**「エラトステネスのふるい」**と呼ばれています〔右図〕。ちなみに1~100までの中には素数が25個あり、1~1000までの中には168個、1~10000までの中には1229個の素数があります。

倍数によって素数を見つける方法

▶エラトステネスのふるい

1 最初の素数「2」と2の倍数を消す

1	2	3	4	5	6	7	8	9	10
11	12	13	14	15	16	17	18	19	20
21	22	23	24	25	26	27	28	29	30
31	32	33	34	35	36	37	38	39	40
41	42	43	44	45	46	47	48	49	50
51	52	53	54	55	56	57	58	59	60
61	62	63	64	65	66	67	68	69	70
71	72	73	74	75	76	77	78	79	80
81	82	83	84	85	86	87	88	89	90
91	92	93	94	95	96	97	98	99	100

2 次の素数「3」と3の倍数を消す

1	2	3	4	5	6	7	8	9	10
11	12	13	14	15	16	17	18	19	20
21	22	23	24	25	26	27	28	29	30
31	32	33	34	35	36	37	38	39	40
41	42	43	44	45	46	47	48	49	50
51	52	53	54	55	56	57	58	59	60
61	62	63	64	65	66	67	68	69	70
71	72	73	74	75	76	77	78	79	80
81	82	83	84	85	86	87	88	89	90
91	92	93	94	95	96	97	98	99	100

3 次の素数「5」と5の倍数を消す

1	2	3	4	5	6	7	8	9	10
11	12	13	14	15	16	17	18	19	20
21	22	23	24	25	26	27	28	29	30
31	32	33	34	35	36	37	38	39	40
41	42	43	44	45	46	47	48	49	50
51	52	53	54	55	56	57	58	59	60
61	62	63	64	65	66	67	68	69	70
71	72	73	74	75	76	77	78	79	80
81	82	83	84	85	86	87	88	89	90
91	92	93	94	95	96	97	98	99	100

4 次の素数「7」と7の倍数を消す

1	2	3	4	5	6	7	8	9	10
11	12	13	14	15	16	17	18	19	20
21	22	23	24	25	26	27	28	29	30
31	32	33	34	35	36	37	38	39	40
41	42	43	44	45	46	47	48	49	50
51	52	53	54	55	56	57	58	59	60
61	62	63	64	65	66	67	68	69	70
71	72	73	74	75	76	77	78	79	80
81	82	83	84	85	86	87	88	89	90
91	92	93	94	95	96	97	98	99	100

次の素数の「11」で消されるのは、「2、3、5、7」の倍数をのぞけば121（11×11）になる。121は100よりも大きいので、1～100までの素数は**4**の作業で**残った数**だとわかる。

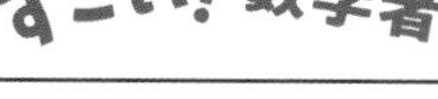

05

【紀元前275頃～紀元前194頃】

古代ギリシアの数学者。万能の博学者として知られる。地球を球体と考え、計算によって地球の円周を約4万kmと導き出した（➡P66）。

28 ［数］ 膨大な桁数の素数を求める公式は存在する？

なるほど！ 確実な公式は**見つかっていない**。
「**メルセンヌ素数**」なら、ある程度わかる！

「エラストテネスのふるい」（➡**P70**）では、決まった範囲の素数を見つけることはできますが、数万、数億といった大きな数の中から素数を見つけることは困難です。では、**素数を確実に見つける公式**は存在するのでしょうか？　実は、数学史上何人もの数学者が探してきましたが、誰も発見できていないのです〔**図1**〕。

1644年、フランスの数学者**メルセンヌ**は、2の累乗から1を引くと**素数になる場合がある**ことを発見し、「2^n-1で表される数（メルセンヌ数）が素数になるのは、nが257以下の素数ならば、nが2、3、5、7、13、17、19、31、67、127、257の場合だけである」と予想しました。この式で求められる素数を**「メルセンヌ素数」**といいます〔**図2**〕。しかしメルセンヌの予想は「nが67、257」が間違いで、その後の研究で「nが61、89、107」がメルセンヌ素数であることがわかりました。

20世紀になると、nが257より大きいメルセンヌ素数も発見されました。現在は**メルセンヌ数が素数かどうかを、比較的かんたんに判定する方法**が見つかっています。2018年に発見された51番目のメルセンヌ素数は$2^{82589933}-1$で、その桁数は2486万桁を超えています。

巨大な素数を見つけるための数式

素数を見つける数式はあるのか?〔図1〕

素数は不規則に現れるように見えるが、ある規則にしたがっているのであれば、数式化できるはず。しかし、数学史上、これまで何人もの天才たちが、素数を確実に見つける数式を探したが、現在も見つかっていない。

メルセンヌ素数〔図2〕

2018年に、51番目のメルセンヌ素数が発見された。

$2^2-1=3$

$2^3-1=7$

$2^5-1=31$

$2^7-1=127$

$2^{13}-1=8191$

$2^{17}-1=131071$

$2^{19}-1=524287$

⋮

$2^{82589933}-1$

＝(2486万2048桁の数)

これが51番目のメルセンヌ素数となる

2^n-1＝で
計算される数のうち
素数になるもの！

オイラー？ リーマン？ 素数に挑んだ数学者

なるほど！ **素数の分布**には規則性がありそうだが、これまで誰も**数式**を見つけられていない！

なぜ数学者たちは、素数を重視するのでしょうか？ 「素数は、それ以上分割できない基礎的な数」であるため、もしその規則性を発見できたなら、**大自然や宇宙を支配する法則**に近づくことができると考えられてきたからです。しかし、素数は不規則に現れているようにしか見えません。

素数の謎に最初に近づいたのは、18世紀のスイスの数学者**オイラー**（➡P122）でした。オイラーは、素数だけを使った数式から、**素数と円周率（π）に密接な関係があることを発見**しました〔図1〕。

さらに19世紀、ドイツの数学者**リーマン**は、オイラーが研究した**「ゼータ関数」**と呼ばれる数列を発展させて、無限に存在する素数の分布に規則性があることを予測しました。これが**「リーマン予想」**です〔図2〕。この予想は**数学史上最初に、素数に規則性があることを厳密な数学的問題として表したもの**で、この予想が証明できれば、素数の謎に近づくものといわれています。

しかしリーマン予想は難解すぎて、リーマン自身も証明できず、以後、何人もの天才数学者がリーマン予想の証明に挑みましたが失敗が続き、中には精神を病んでしまう数学者もいました。リーマン予想は、現在も数学史上最大の難問のひとつとなっています。

素数の謎に挑戦したオイラーとリーマン

オイラーの素数に関する数式〔図1〕

$$\frac{2^2}{2^2-1}\times\frac{3^2}{3^2-1}\times\frac{5^2}{5^2-1}\times\frac{7^2}{7^2-1}\times\frac{11^2}{11^2-1}\times\frac{17^2}{17^2-1}\cdots=\frac{\pi^2}{6}$$

素数だけを使った分数のかけ算を続けていくと、**円周率「π」**が現れる！

ゼータ関数（ζ関数）とリーマン予想〔図2〕

リーマンは、オイラーが研究していたゼータ関数を発展させて、素数の分布に規則性があるという「リーマン予想」を提唱した。

$$\zeta(s)=\frac{1}{1^s}+\frac{1}{2^s}+\frac{1}{3^s}+\frac{1}{4^s}+\frac{1}{5^s}+\frac{1}{6^s}\cdots$$

s＝2を入れると、$\frac{\pi^2}{6}$が現れる！

$$\zeta(2)=\frac{1}{1^2}+\frac{1}{2^2}+\frac{1}{3^2}+\frac{1}{4^2}+\frac{1}{5^2}+\frac{1}{6^2}\cdots=\frac{\pi^2}{6}$$

このゼータ関数から
リーマンは予想

リーマン予想

ゼータ関数の非自明なゼロ点

〔ζ(s)＝0となるs〕

は、すべて一直線上にあるはずである

この予想が証明できれば、素数がどのように分布しているかがわかるという。

ベルンハルト・リーマン
【1826～1866】

ドイツの数学者。先駆的な研究で、20世紀の解析学や幾何学を発展させた。

30 ［数］ 素数ってどこかに使い道があるものなの？

「**素数をかけた数**を素因数分解は、ほぼ不可能」という性質が、**ネットの暗号**に使われている！

見つけることがむずかしい素数ですが、見つけたところで、何か使い道があるのでしょうか？　素数には**「素因数分解」**という計算があります。ある自然数（正の整数）を「素数」で割っていき、素数のかけ算（素数の積）で表す計算のことで、例えば「30」の場合には「２×３×５」と表します。

素因数分解は、２桁や３桁の数であればかんたんなのですが、何十桁もの数となると非常に難解になります。また、その数を別の誰かが素因数分解するとしたら、２から順番に割れる素数を探していくしかないため、とても時間がかかります。つまり、**素数と素数をかけて大きな数をつくり、その数を第三者が素因数分解するのは、極めて困難**ということがいえます。

この性質を利用したのが**「RSA暗号」**です〔右図〕。RSA暗号は、メールやネットショッピングで使われています。例えばクレジットカード番号を相手に送るとき、**受信者が公開している素数の積（かけた数）を使って暗号化**します。受信者は暗号を受け取ると、秘密の**「素数の組」**を使って復元します。もし、第三者に暗号が漏れても、素数の組を知らずに暗号を解くことは、コンピュータを使ってもほぼ不可能ということになるのです。

素数の積を利用した暗号

RSA暗号のしくみ

例 送信者 A から受信者 B にクレジットカード番号を送る場合

1 受信者 B は素数の積を公開している。この数字は公開鍵と呼ばれる。（実際は膨大な桁数の公開鍵が使われるが、わかりやすく説明するため、公開鍵を「221」とする）

2 送信者 A は公開鍵を使ってカード番号を暗号化し、受信者 B に送る。

3 受信者 B は「221」を素因数分解した「13」「17」という秘密鍵（素数の組）をもっていて、これを使って暗号を復元する。

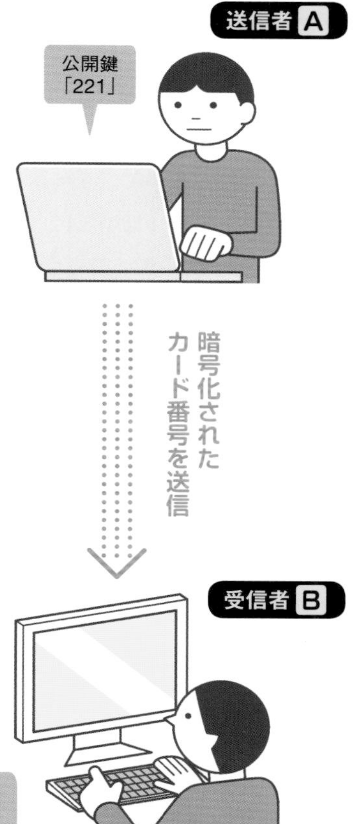

RSA暗号のポイント

秘密鍵をもっているのは受信者の方だけなので、鍵の受け渡しをせずに暗号化が可能になる。

天然っぽいエピソードが残る? 古代最高の科学者

アルキメデス

（紀元前287?－紀元前212）

アルキメデスは古代ギリシアの数学者ですが、物理学や天文学など、さまざまな科学分野に通じる大天才でした。シチリア島の都市国家シラクサ出身で、入浴中に「浮力の法則（アルキメデスの原理）」に気づいたときは、うれしさのあまり「エウレカ！（わかったぞ！）」と、叫びながら、裸で街に飛び出していったそうです。「てこの原理」を発見したときは、「私に立つ場所と長いてこを与えてくれるなら、地球をも動かそう」と語ったなど、少し天然っぽいエピソードが残されています。

数学では「取りつくし法」によって円周率を「3.140…より大きく、3.142…より小さい」ことを求めました（➡P64）。また、放物線と直線に囲まれた面積を求め、これが積分（➡P204）の出発点となりました。さらに円柱の体積や表面積の求め方を発見し、代数螺旋（➡P114）を定義しています。

第二次ポエニ戦争で、シラクサが陥落したとき、ローマ兵がアルキメデスの家に入ってきました。しかし、アルキメデスは自分の研究に熱中しすぎて兵士を無視したため、怒った兵士に殺されてしまったそうです。

アルキメデスは、最も偉大な数学者のひとりとされ、数学界最高のフィールズ賞（➡P214）のメダルにはアルキメデスの肖像が描かれています。

2章

なるほど！とわかる 数学のしくみ

多面体や放物線、螺旋、黄金比など、
私たちの暮らしに身近なものにも数学の秘密が隠されています。
数学の公式にも触れながら、
身近な立体や曲線のしくみを理解してみましょう。

31 ［図形］「プラトンの立体」ってどんな立体のこと？

なるほど！ **すべての面が同じ形**の多角形の立体。**５種類しか存在しない**神秘的な図形！

図形の中には**「プラトンの立体」**と呼ばれる図形があります。これはどういうものでしょうか？　まず、立体の種類を知りましょう。三角形や正方形などの**「平面の図形」**に対して「タテ・ヨコ・高さ」のある３次元の図形を**「空間図形」**と呼びます。空間図形のうち、**複数の平面や曲面で囲まれた図形を「立体」**といいます。

よく知られている立体には、直方体や球、円錐（えんすい）、四角錐、円柱などがありますね。**立体のうち、平面だけに囲まれたものを「多面体」**といい、すべての面が合同（重ね合わせられる同一な図形）な正多角形で構成される凸多面体（とつためんたい）（くぼみや穴のない多面体）を**「正多面体」**といいます。正多面体は、**正四面体**、**立方体（正六面体）**、**正八面体**、**正十二面体**、**正二十面体**の**５種類**です〔右図〕。

古代ギリシアでは、正多面体が研究され続けていました。紀元前350年頃、数学にもくわしかった哲学者**プラトン**は、５種類の正多面体に美と神秘性を感じ、それぞれが四大元素（土・空気・水・火）や宇宙、神などに関連していると結論づけました。このことから、正多面体は**「プラトンの立体」**とも呼ばれているのです。ちなみに正多面体が５種類しか存在しないという証明は、紀元前300年頃の数学者**エウクレイデス（ユークリッド）**が書いています。

正多面体は5種類しかない

5種類の正多面体

正四面体

正三角形４枚で
囲まれた多面体。

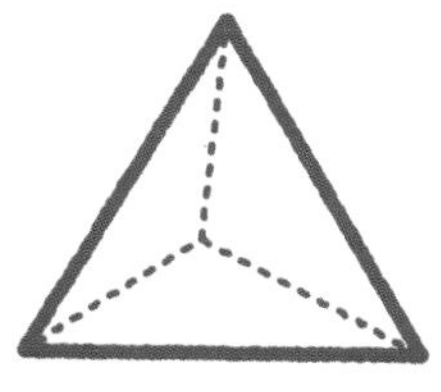

辺の数 6　頂点の数 4

立方体（正六面体）

正方形６枚で
囲まれた多面体。

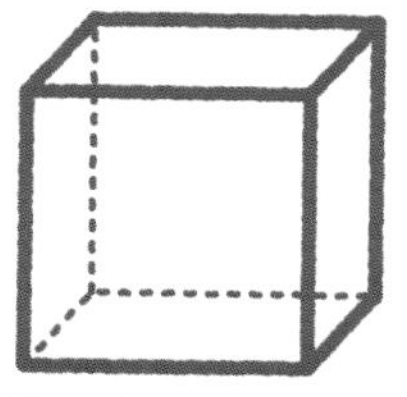

辺の数 12　頂点の数 8

正八面体

正三角形８枚で
囲まれた多面体。

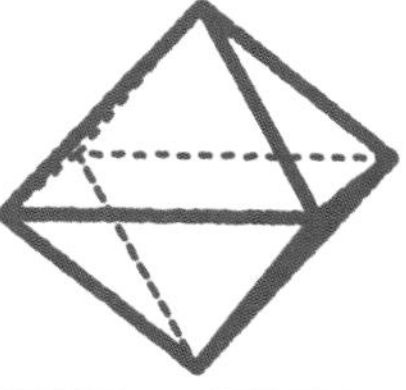

辺の数 12　頂点の数 6

正十二面体

正五角形12枚で囲まれた多面体。

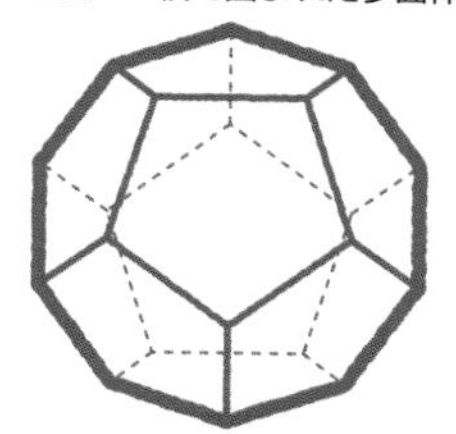

辺の数 30　頂点の数 20

正二十面体

正三角形20枚で囲まれた多面体。

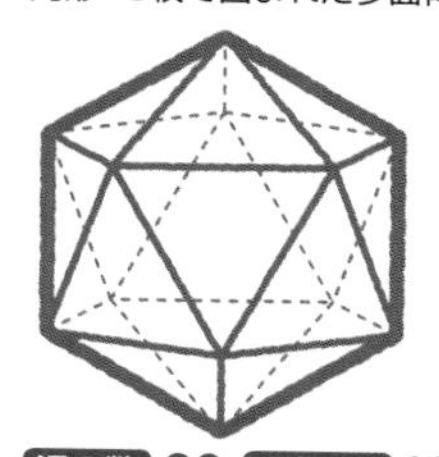

辺の数 30　頂点の数 12

すごい！数学者　07

プラトン

【紀元前427～紀元前347】

古代ギリシアの哲学者・数学者。「プラトニック・ラブ（精神的恋愛）」で知られる。数学的知識を、自らの哲学に融合させた。

サッカーボールの形は、なぜあんな形なの？

なるほど！

平面だが空気を入れると**ほぼ球形**になる形で、**変形しにくく、力が伝わりやすい**から！

現在はカラフルなサッカーボールが主流ですが、ひと昔前には白と黒のボールがよく使われていました。このサッカーボールは、**黒い部分は正五角形**で12枚、**白い部分は正六角形**で20枚、合計32枚の正多角形です。なぜこのような形にしたのでしょうか？

すべての面が正多角形で、頂点の形状がすべて同じ多面体のうち、正多面体以外のものを**「半正多面体」**といいます。半正多面体には**「立方八面体」「二十・十二面体」「変形立法体」**など**13種類**が存在します。古代ギリシアの数学者アルキメデスが発見したとされ、このため**「アルキメデスの立体」**と呼ばれています〔図1〕。

サッカーボールの図形は半正多面体のひとつで、**「切頂二十面体」**と呼ばれます。**正二十面体**の各頂点を、辺の長さの$\frac{1}{3}$のところで切り落とした立体であるため、このように呼ばれているのです〔図2〕。

正二十面体の頂点の数は12個なので、頂点を切り落としてできる正五角形も12個です。正五角形の頂点は5個なので、切頂二十面体の頂点は12×5＝60（個）となります。また、辺の数は90です。サッカーボールが切頂二十面体になったのは、平面を貼り合わせて製作するにもかかわらず、空気を入れるとほぼ球形になって変形しにくく**蹴った力がボールに均等に伝わる**ことなどが理由です。

サッカーボールはアルキメデスの立体

アルキメデスの立体の例〔図1〕

立方八面体

8枚の正三角形と
6枚の正方形で
構成された多面体。

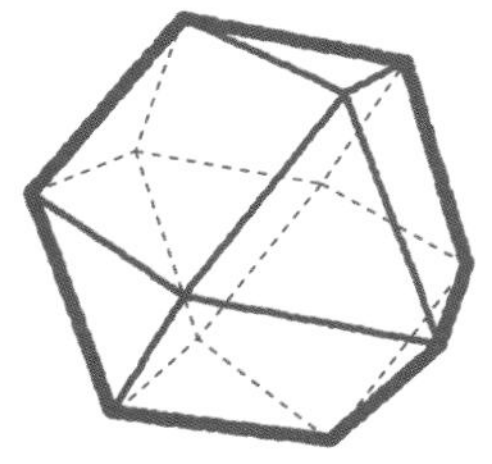

構成面 **正三角形** 8枚
正方形 6枚

二十・十二面体

正十二面体または
正二十面体の各頂点を
辺の中心まで切り落とした立体。

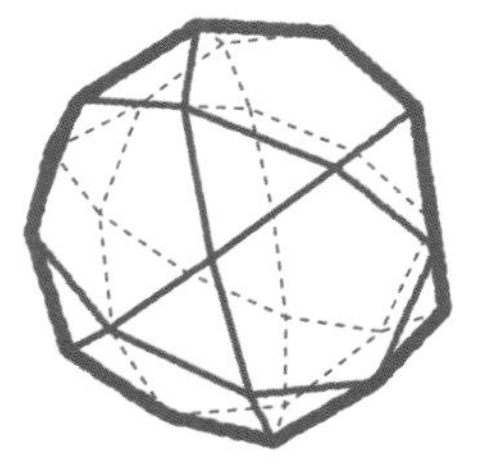

構成面 **正三角形** 20枚
正五角形 12枚

変形立方体

正六面体の面をねじり、
間に正三角形を
入れたような立体。

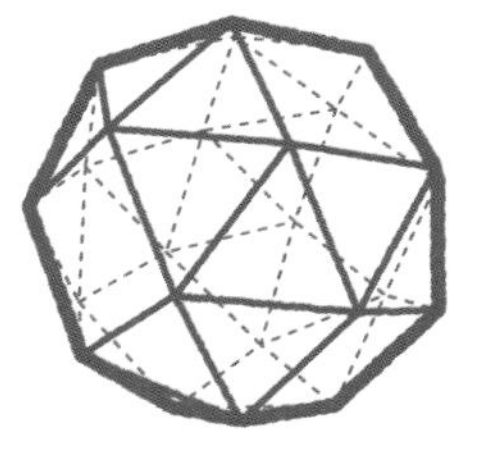

構成面 **正三角形** 32枚
正方形 6枚

正二十面体からつくるサッカーボール〔図2〕

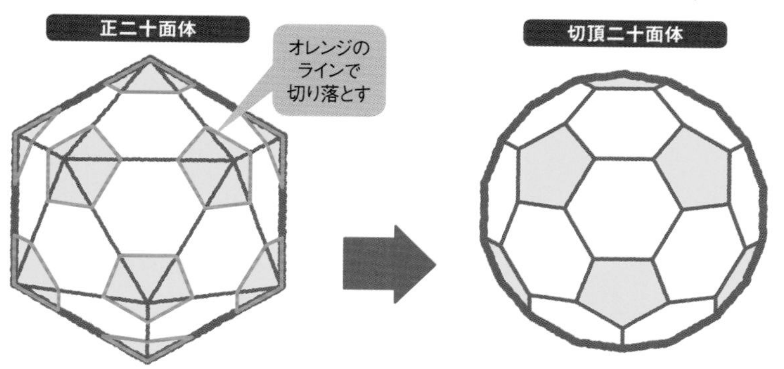

正二十面体の各頂点を辺の長さの$\frac{1}{3}$のところで切り落とす。

切り落とした頂点は正五角形になり、切頂二十面体ができる。これがサッカーボールの表面になる。

33 ［図形］ 美しい数学の定理？「オイラーの多面体公式」

どのような凸多面体でも、頂点・辺・面の数のどれか２つがわかれば、残りの１つがわかる！

数学の公式はしばしば「美しい」と表現されます。もちろん人によって基準はちがいますが、最も美しい公式のひとつとして知られるのが**オイラーの多面体公式（オイラーの多面体定理）**です。

この多面体公式を発見したのは、1751年、スイスの数学者**オイラー**（➡P122）です。オイラーの多面体公式とは、どのような**凸多面体**（くぼみや穴がない多面体で、２つの頂点を結んだ線分が多面体に完全に内部に含まれるもの）であっても、**頂点の数をV（Vertex）、辺の数をE（Edge）、面の数をF（Face）とするときに、「V－E＋F=２」が成り立つ**というものです〔図1〕。

例えば正六面体ならば、面の数は正方形６枚で、頂点の数は８個、辺の数は12なので「８－12＋６＝２」が成立します〔図2〕。つまり、くぼみのない凸多面体であれば、頂点の数、辺の数、面の数のどれか２つがわかれば、残りの１つは計算によって求められるのです。オイラーは、**平面の多角形については「V-E＋F=１」**の公式が成り立つことも証明してみせました。

ちなみに、ドーナツの表面のような「穴の開いた多面体」については、穴の数をＰ個とすると（Ｐ個のドーナツがつながったような形の多面体）、**「V－E＋F=２-２p」**という公式が成り立ちます。

オイラーが解き明かした多面体の性質

オイラーの多面体公式〔図1〕

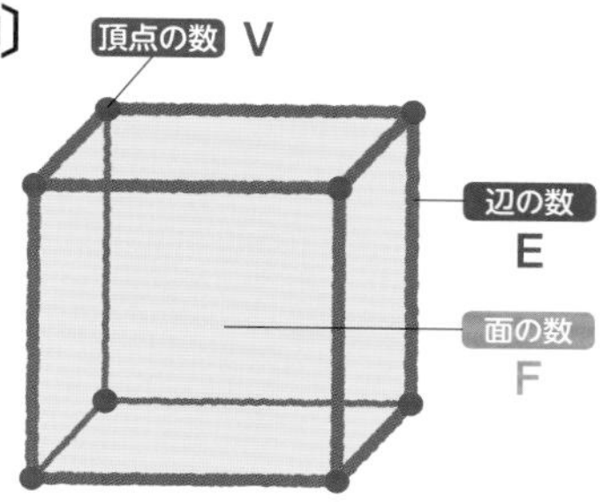

レオンハルト・オイラー
【1707～1783】

スイスの数学者。18世紀最大の数学者といわれている。数々の重要な定理を発見し、晩年に失明した後も、膨大な数の論文を発表した。

正多面体の頂点・辺・面の数〔図2〕

	頂点の数	辺の数	面の数
正四面体	4	6	4
正六面体	8	12	6
正八面体	6	12	8
正十二面体	20	30	12
正二十面体	12	30	20

正六面体と正八面体、正十二面体と正二十面体は、それぞれ頂点の数と面の数が入れ替わっている。このような関係を双対という。

誰かに
出したい！

数学
クイズ
〈2〉

切り貼りで面積が変わる？「不思議な直角三角形」

直角三角形をいくつかのパーツに分割してそれを並べ替えると、面積が変化するという数学パズルです。

1 直角三角形を図のようにⒶⒷⒸⒹの４つのパーツに切り分けます。

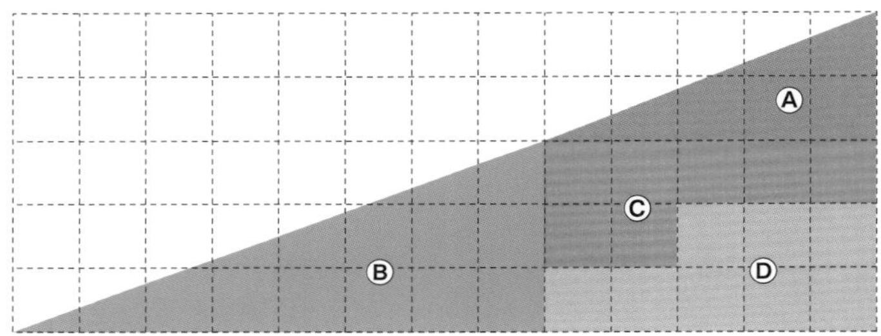

2 切り分けたパーツを並べ替えて図のような直角三角形をつくります。

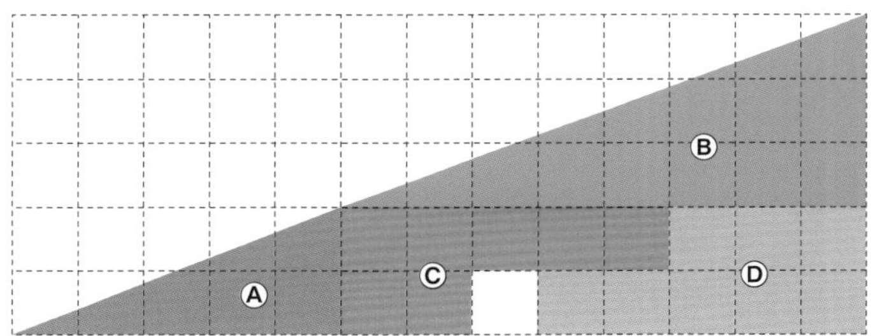

下の部分に１マス分の空白ができています。直角三角形の底辺や高さ、各パーツの大きさなどは変わらないのに、なぜ１マス分の面積が減ってしまったのでしょうか？

答え と 解説

1の直角三角形と2の直角三角形は、同じ形のように見えますが、よく見てみると、実はちがうところがあります。それは、「**斜辺の傾き**」です。

Ⓐの直角三角形は、「底辺が５、高さが２」なので、傾きは２÷５＝0.4です。Bの三角形は「底辺が８、高さが３」なので、傾きは３÷８＝0.375です。つまり、**Ⓐの直角三角形の方が、傾きが少しだけ急**なのです。

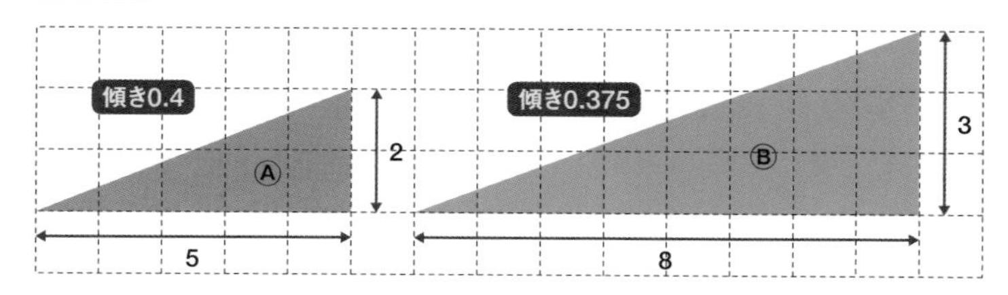

1と2の直角三角形を重ねてみると、2の斜辺がふくらんでいることがわかります。このふくらんだ部分の面積が、下の空白の１マス分になるのです。つまり、**どちらも厳密には直角三角形ではなく、直角三角形のような四角形だった**のです。

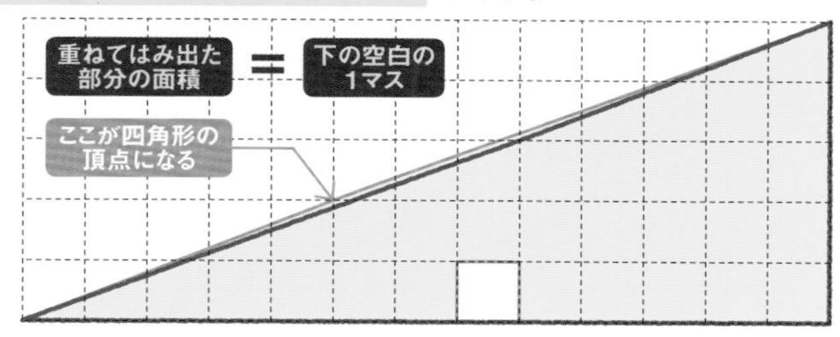

34 ［図形］「曲線」にはどんな種類があるの？

なるほど！ アポロニウスが発見した「円錐曲線（えんすいきょくせん）」が代表的。「放物線」「双曲線」「楕円（だえん）」「円」などがある！

「曲線」には、どんなものがあるのでしょうか？

代表的な曲線に、古代ギリシアの数学者アポロニウスが発見した**「円錐曲線」**があります。円錐曲線とは、円錐を平面で切った断面に現れる曲線で、**「円」「楕円」「放物線」「双曲線」**の**４種類**があります〔図1〕。

円は、円錐の底面に平行な平面で切ったときに現れます。楕円とは、２つの定点（焦点）からの距離の和が一定な円の軌跡のことをいいます。円錐の底面と平行でない平面が、底面に触れずに切ったときに現れるものです。

放物線は、円錐を母線（円錐などの回転体の側面の線分）に平行な平面で切ったときに現れます。**モノを空中にナナメに投げたとき、その物体の描く軌跡も放物線**で、噴水の水が山なりになっているのも放物線です。放物線を利用した身近な製品に、パラボラアンテナや懐中電灯などがあります。放物線の形をしたアンテナや鏡に垂直に届いた電波や光は１点に集まります。この性質を利用して電波や光を集めたり放ったりしているのです〔図2〕。

双曲線は、円錐の底面に垂直な平面で切ると現れ、切り口が限りなく広がっていくことが特徴です。

放物線も「円錐曲線」のひとつ

4種類の円錐曲線〔図1〕

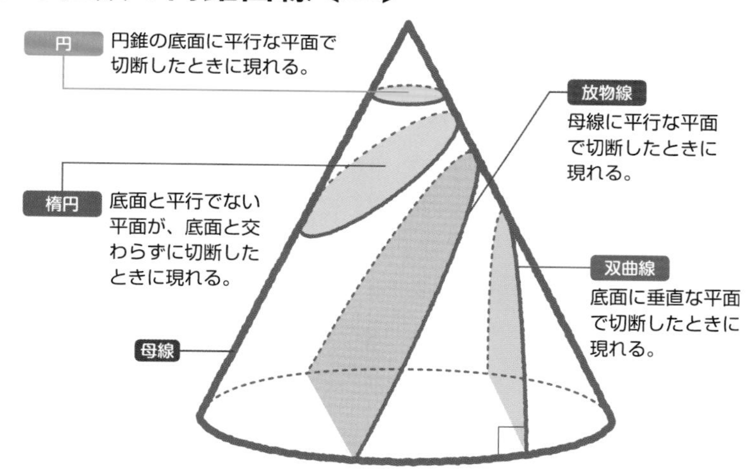

パラボラアンテナと放物線〔図2〕

放物線のグラフには、以下のような性質がある。

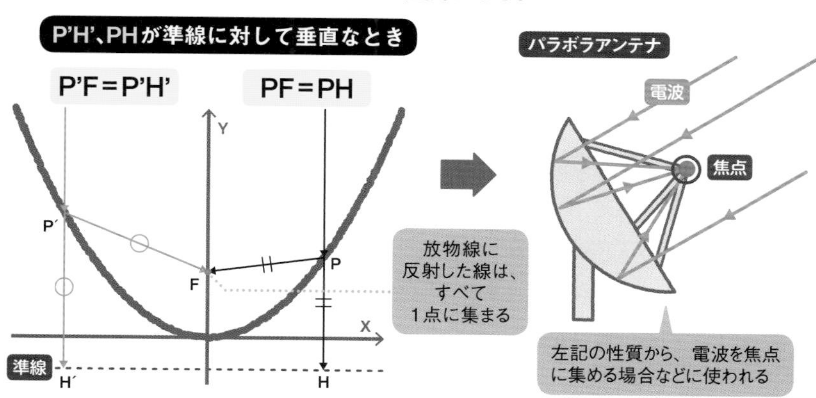

35 ［図形］ 建築に利用されている？「カテナリー曲線」とは？

なるほど！ **ロープの両端**をもったときの曲線のこと。**上下反転**させると、**力学的に安定**する！

ロープの両端を持って引き上げたとき、ロープは下に垂れ下がりますよね？　このような状態で、**ロープなどが描く曲線のことを「カテナリー曲線（懸垂曲線（けんすいきょくせん））」**といいます。

カテナリーとはラテン語で**「鎖」**の意味で、「鎖の両端を持ったときにできる曲線」という意味から名づけられました。カテナリー曲線は一見すると**放物線**に似ていますが、ちがう曲線です。曲線の両端が、放物線より大きく傾きます〔図1〕。カテナリー曲線を示す方程式は、スイスの数学者**ベルヌーイ**や、ドイツの数学者**ライプニッツ**たちによって1691年に初めて発表されました。

カテナリー曲線には、どの部分にも重力が等しくかかっています。これを上下逆さまにしてアーチ状にすると、**力の向きが逆転**してつり合い、力学的に安定します〔図2〕。

この**「カテナリー・アーチ」**は建築に利用されていて、山口県の**「錦帯橋（きんたいきょう）」**や、東京都の**「代々木体育館」**の屋根などに見られます。スペインの建築家アントニオ・ガウディは、カテナリー曲線を重視したことで有名です。ガウディ建築の**サグラダ・ファミリア教会**は、ロープにおもりを垂らした模型を使って設計されています。自然界では、**クモの巣**のヨコに張った糸がカテナリー曲線になっています。

放物線とはちがう「カテナリー曲線」

▶ カテナリー曲線と放物線のちがい〔図1〕

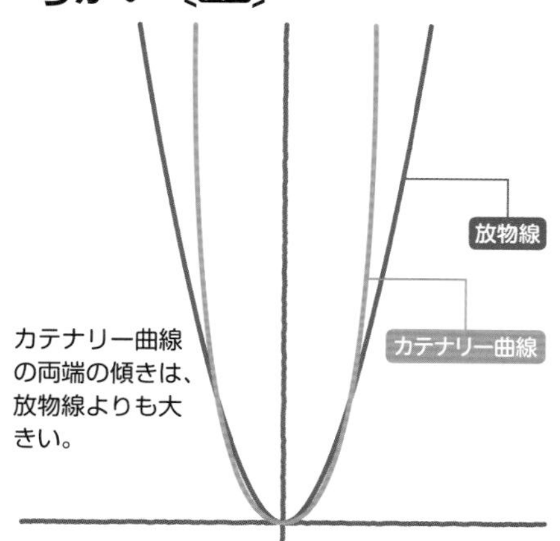

ヨハン・ベルヌーイ
【1667〜1748】

スイスの数学者。カテナリー曲線の方程式や、微分の平均値の定理を発見した。兄のヤコブは「ベルヌーイ数」を発見したことで知られ、子のダニエルは流体力学の分野で「ベルヌーイの定理」を発見。

▶ カテナリー・アーチ〔図2〕

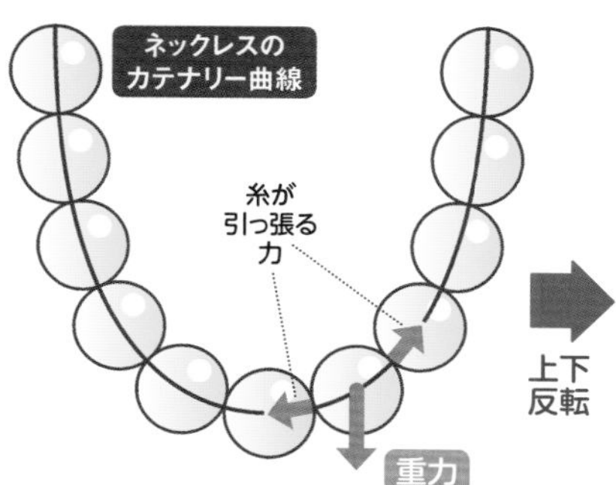

重力で落ちそうになるネックレスを、糸が引っ張って支えている。

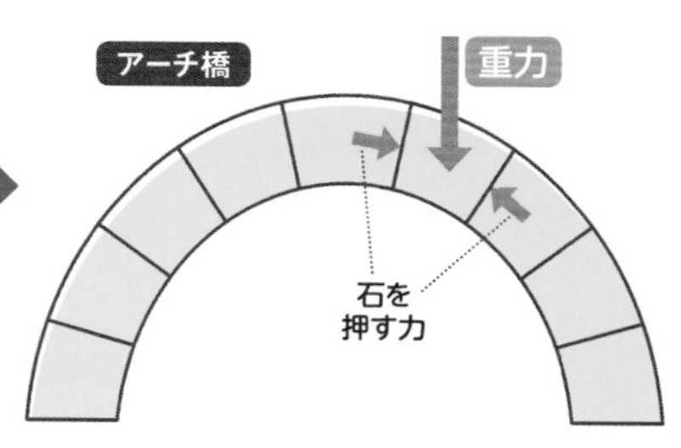

カテナリー曲線を上下反転させると、力学的に安定するアーチができる。

36 ［図形］ 最速で物体が落ちる？「サイクロイド曲線」とは？

なるほど！ **重力だけの力**でボールが落下するとき、**最も短い時間**で落ちる曲線！

止まった状態のボールが、重力だけの力によって斜面に沿って転がり落ちるとき、最も早く落下するのはどんな斜面でしょうか？ 直線？　曲線？　円弧？　答えは**「サイクロイド曲線」**です。

サイクロイド曲線とは、自動車や自転車の車輪などが**直線上で円が転がるときに、円周上の１点が描く曲線**のことです〔図1〕。この曲線を上下反転させた曲線が、あらゆる斜面の中で、ある位置から別の位置まで最も短時間で落下する**「最速落下曲線」**となるのです〔図2〕。

ガリレオ・ガリレイは、1638年に最速落下曲線は円弧であると結論づけましたが、これは誤りでした。1696年、**ヨハン・ベルヌーイ**が当時の数学者たちへ、未解決となっていた最速落下曲線の問題を出し、その結果４人が正解を出しました。そのうちの一人、**アイザック・ニュートン**は、一夜にして問題を解いてしまったそうです。また、オランダの数学者**ホイヘンス**は、サイクロイド曲線の坂道のどの地点からボールを転がしても、摩擦がなく、重力の作用だけによるならば、**一番下に落ちるまでの時間が同じになる**ことを発見しました。このような曲線は**「等時曲線（等時降下曲線）」**と呼ばれます。つまり、最速落下曲線は等時曲線でもあるのです。

最速落下曲線と等時曲線

サイクロイド曲線〔図1〕

自転車の車輪の1点が描く曲線を、
サイクロイド曲線という。

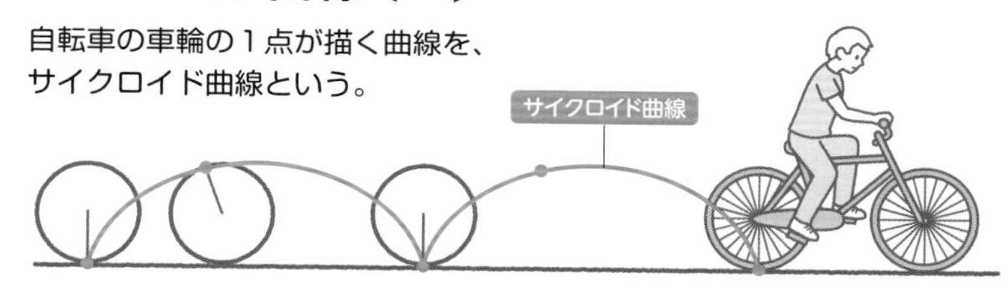

車輪が1回転して描くサイクロイドの長さ ➡ **車輪の直径の4倍**

最速落下曲線は、等時曲線でもある〔図2〕

最速落下曲線

直線や円弧など、他のすべての斜面より、上下反転させたサイクロイド曲線を転がり落ちるボールが一番早くゴールに到達する。

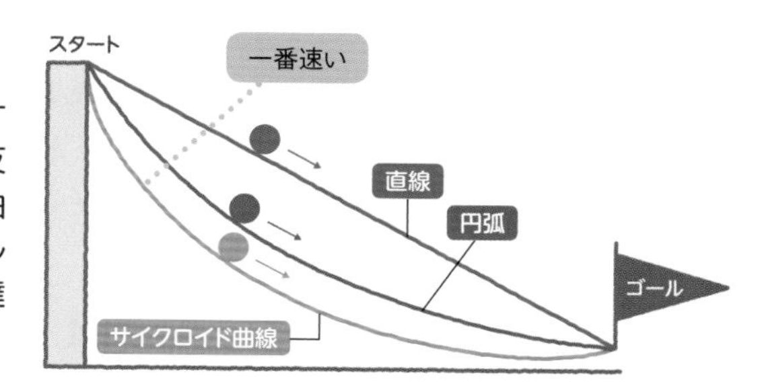

等時曲線

サイクロイド曲線であれば、どの地点でボールを離しても、ゴールに到達するまでの時間は同じ。

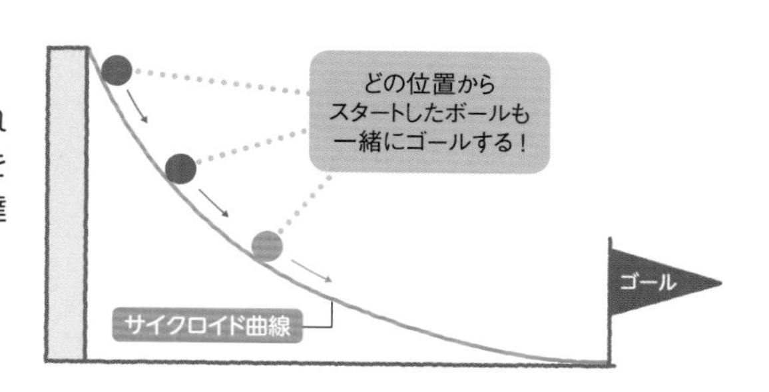

37 ［図形］ 高速道路のカーブは体にやさしい曲線？

なるほど！ **道路**や**ジェットコースター**のカーブは、少しずつきつくなる**クロソイド曲線**！

自動車で走行しているとき、高速道路のカーブで急ハンドルを切ることは、あまりないように感じませんか？　これは、高速道路のカーブが、直線から入口に差しかかるときはほぼ直線で、先に進むごとに少しずつカーブがきつくなるように設計されているためなのです。この曲線を**「クロソイド曲線」**といいます。

正確には、**自動車が一定速度で走行しているとき、ハンドルを一定の速度で回していったときの車の軌跡がクロソイド曲線**になります。ハンドルを一定の速度で戻していったときも、同じようにクロソイド曲線になります。ハンドルを同じ速度で回したり戻したりするのは自然な動作なので、体に負担がかからず、安全です。

もし、高速道路のカーブの入口が**円弧**（円周の部分）だったらどうなるでしょうか？　ドライバーはカーブに入ると同時に、ハンドルを急に回さなければならず、とても危険です〔図1〕。

クロソイド曲線は、**ジェットコースターの垂直ループ**にも利用されています。1895年、垂直ループを取り入れた世界初のジェットコースターがアメリカで登場しましたが、ループの形を円にしたため、“むちうち”になる乗客が続出しました〔図2〕。「クロソイド曲線」は、体にやさしい曲線なのです。

体にやさしい「クロソイド曲線」

クロソイド曲線と円弧の比較〔図1〕

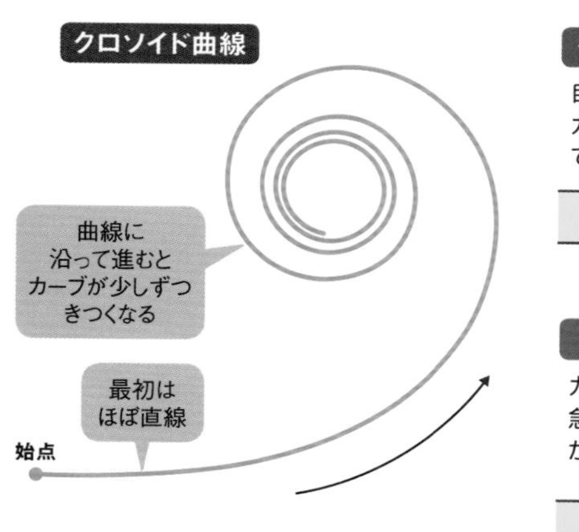

自然なハンドル操作で
カーブを曲がることが
できる。

円弧のカーブ

カーブに差しかかると
急ハンドルを回す必要
がある。

ジェットコースターの垂直ループ〔図2〕

ループが円

直線軌道から急にカーブに入る
ため、急激に体に負担がかかり、
首などを痛める。

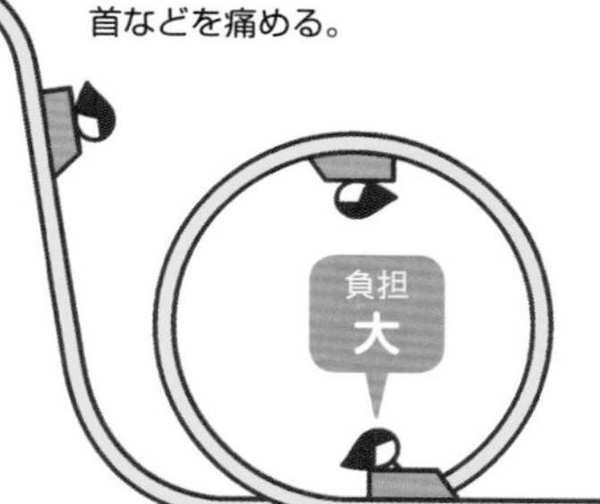

ループがクロソイド曲線

入口がなめらかなカーブの
ため、体にかかる負担もゆ
っくりと大きくなり、安全。

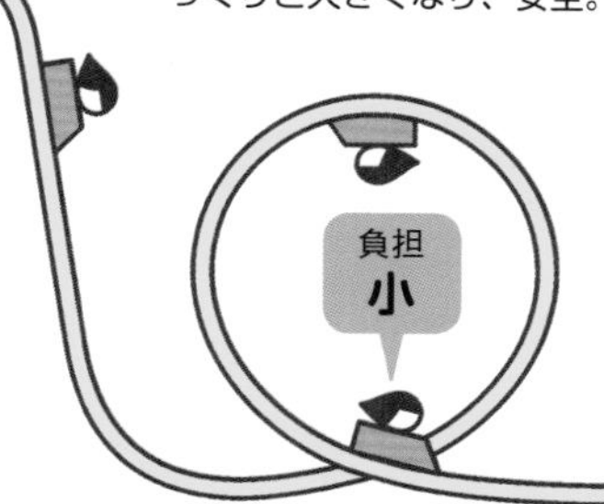

旅人算

旅人算は、「速さ」を扱った問題です。先に出発した人を追いかけて、いつ出会えるかを計算するパターンと、向かい合わせで出発して、いつ出会えるかを計算するパターンがあります。ちなみに、江戸時代、1日に12里（約48km）進める人は、けっこういたそうです。

1日に9里進む旅人が江戸から京都へ出発し、
その10日後、1日に12里進む飛脚が追いかけました。
何日後に追いつけるでしょうか？

POINT

- 飛脚が追いかけている間も、旅人が進むことを考える！
- 飛脚が1日にどれだけ追いつけるかを計算する！
- 2人の最初の距離を、1日に追いつく距離で割る！

解き方

1日に9里歩ける旅人は、10日間に90里進みます。もしこの地点で旅人が止まったままなら、飛脚は90里÷12里＝7.5日で追いつけます。しかし、旅人は止まらずに進んでいます。

9里×10日＝90里

「飛脚が1日にどれだけ追いつけるか」を計算すると、

12里 − 9里 ＝ 3里 です。

上図より、２人が最初に離れていた90里の距離を１日に縮められる距離（３里）で割れば、何日で追いつけるか計算できることがわかります。

90里 ÷ 3里 ＝ 30日

30日

別の問題&解き方

向かい合わせのパターンの場合は、「１日に２人がどれだけ近づくか」を計算し、２人の距離で割ります。旅人と飛脚の距離が84里で、旅人は１日に９里進み、飛脚は１日に12里進むなら、「84÷（９＋12）＝４（日）」となります。

38 ［図形］ 美しい比率「黄金比」。どんな比率なの？

なるほど！

「1：1.618」の比率が黄金比。
黄金長方形、黄金螺旋（らせん）などが作図できる！

「黄金比」という言葉がありますが、これはいったいどんな比率なのでしょうか？　黄金比は**人間が最も美しいと感じる比率**といわれ、「ミロのヴィーナス」や「パルテノン神殿」など、古代より西洋の美術作品や建築などに取り入れられてきました〔図1〕。

黄金比の正確な値は**「1：(1＋$\sqrt{5}$)÷2」**です。小数点以下が循環せずに限りなく続く無理数（➡P28）で、**「φ（ファイ）」**という記号で表されることもあります。近似値は「1：1.618」または「5：8」です。エウクレイデス（ユークリッド）は『原論（げんろん）』の中で、**「外中比」**という言葉を使って、黄金比を「ある線分を2つの等しくない線分に分けたとき、線分全体と長い部分の比が、長い部分と短い部分の比に等しくなれば、その線分は黄金比で分けられている」と定義しています。

タテとヨコの比率が黄金比になっている長方形を「黄金長方形」といいます。黄金長方形は、定規とコンパスでかんたんに描けます〔図2〕。黄金長方形から最大の正方形を除くと、また黄金長方形が現れます。これを**「永遠に相似な図形」**といい、このとき、正方形の角から角まで円弧を描くと、**「黄金螺旋」**が現れます。このように、黄金比は美しい曲線を描くこともできるのです。

黄金比の美しさの秘密

美術や建築に見られる黄金比〔図1〕

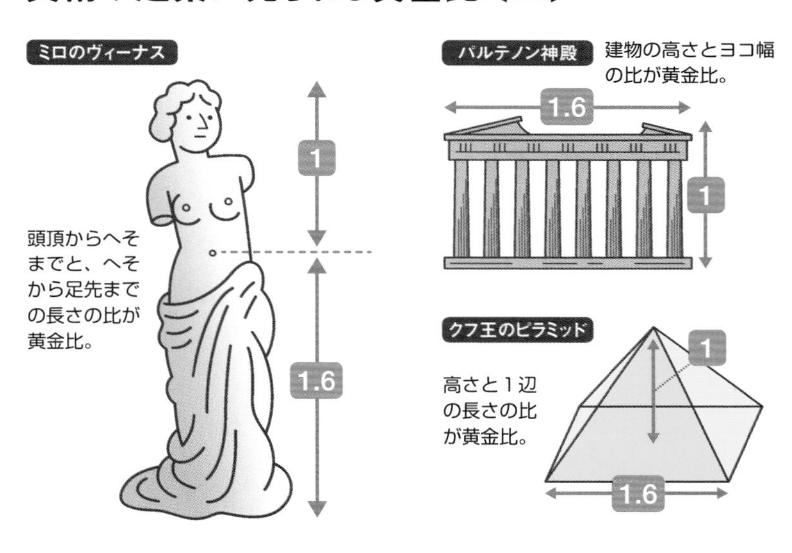

黄金長方形の作図と黄金螺旋〔図2〕

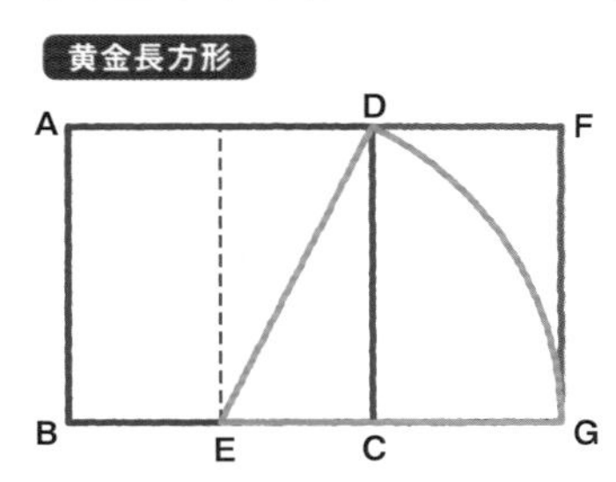

正方形ABCDにおいて、BCの中点Eを描き、EDを半径とする円弧を描く。BCの延長と円弧の交点Gより描ける長方形ABGFが、黄金長方形になる。

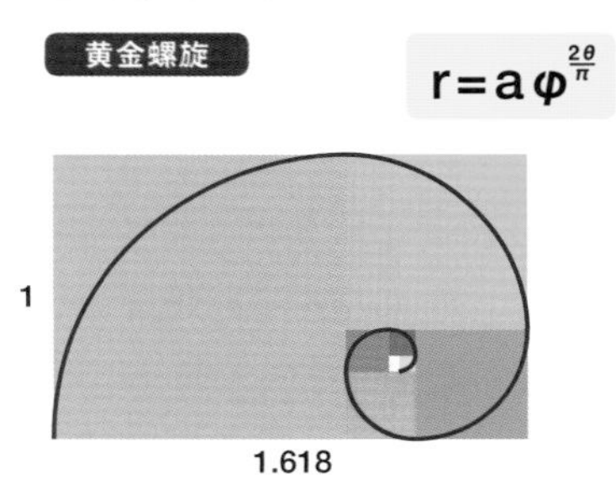

黄金長方形から正方形を取り除いていき、正方形の角と角を円弧でつなぐと、黄金螺旋が現れる。

39 ［図形］ 日本美術にひそむ？「白銀比」とは？

なるほど！ 美術やアニメキャラ、コピー用紙に至るまで日本人が利用し続けてきた1：√2の比率！

西洋美術の黄金比（➡P98）に対し、日本美術では比率として「**白銀比**」が使われてきました。**「法隆寺五重塔」**や菱川師宣（ひしかわもろのぶ）の**「見返り美人図」**などに白銀比がひそんでおり、**「大和比（やまとひ）」**とも呼ばれます〔図1〕。ドラえもんやアンパンマンなどのアニメキャラも、身長とヨコ幅の比率が白銀比といわれています。

白銀比の正確な値は**「1：$\sqrt{2}$」**です。近似値は「1：1.414」または「5：7」です。黄金長方形と同様に、**白銀比を使った「白銀長方形」**もあり、定規とコンパスで描くことができます〔図2〕。

白銀長方形の特徴は、半分に折ると、元の白銀長方形の相似形（縮率は変わっても形は同じ）になることです。つまり、**どれだけ2等分していっても、白銀長方形になる**のです。この性質を利用したものが、**ノートやコピー用紙のA判・B判**です〔図3〕。A判・B判とも白銀比になっていて、A0～A8、B0～B8までサイズがあり、最大サイズのA0・B0から無駄なく紙を切り取ることができます。このため、拡大や縮小がしやすいのです。

また、A3とB3、A4とB4など、後に続く数字が同じであるコピー用紙は、**A判の対角線とB判の長辺が同じ長さ**になるようつくられています。

白銀比の美しさの秘密

日本の建築や芸術に見られる白銀比〔図1〕

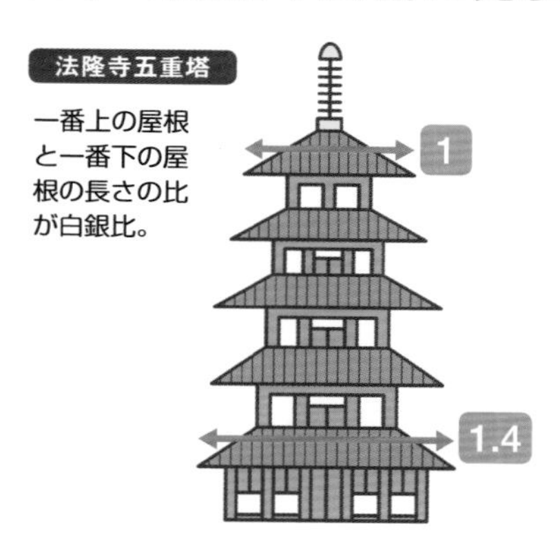

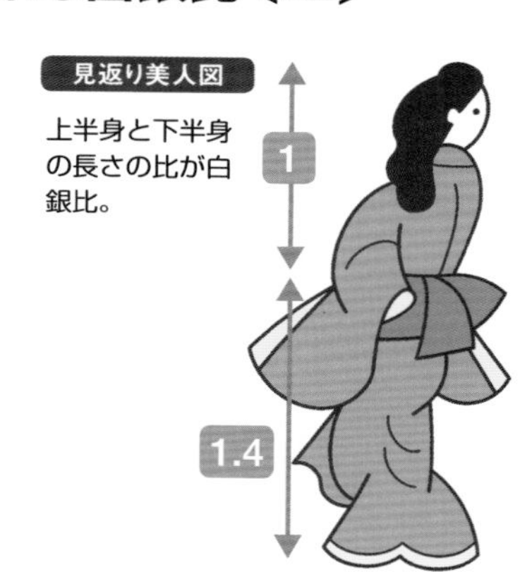

白銀長方形の作図〔図2〕

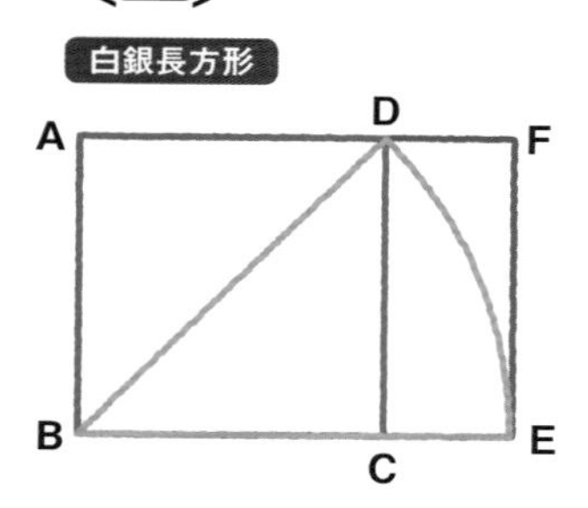

正方形ABCDにおいて、BDを半径とする円弧を描く。BCの延長と円弧の交点Eより描ける長方形ABEFが白銀長方形。

紙のA判・B判〔図3〕

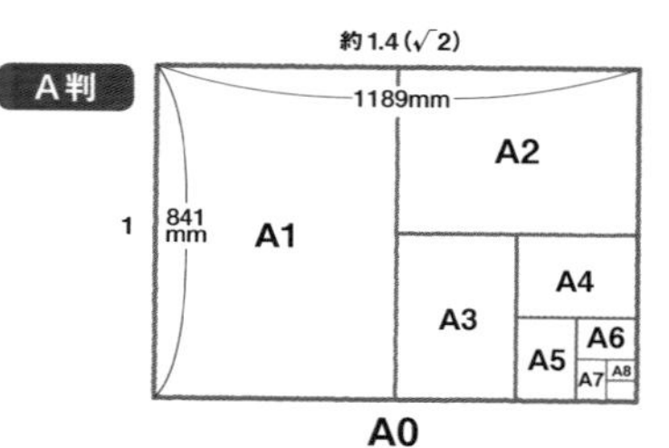

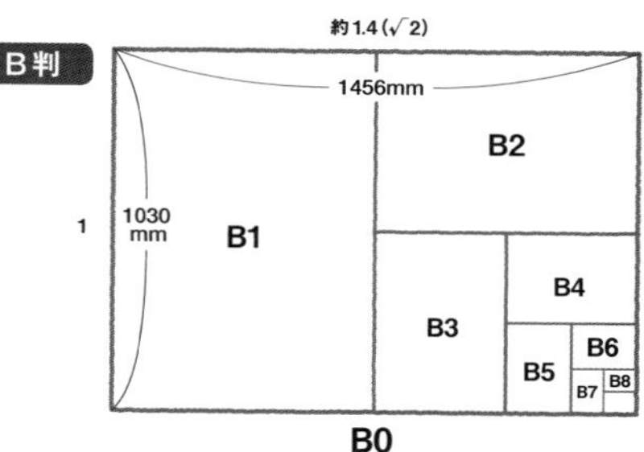

誰かに出したい！
数学クイズ〈3〉

オオカミ、ヤギ、キャベツを向こう岸に運ぶには？

「川渡しの問題」と呼ばれる古典的な数学問題。8世紀にイギリスの神学者アルクインが考案したと伝えられています。

1 オオカミとヤギを連れ、キャベツを持った人が川を渡ろうとしています。川には１艘（そう）のボートがあります。

2 ボートをこげるのは人だけで、一度に運べるのはオオカミ、ヤギ、キャベツのどれか１つだけです。オオカミを残すと、オオカミはヤギを食べます。ヤギを残すと、ヤギはキャベツを食べます。すべてを無事に対岸に運ぶには、どういう順番で運べばよいでしょうか？

答え と 解説

まず、川を渡るときに禁止されていることを考えてみましょう。それは「**オオカミとヤギを残す**」「**ヤギとキャベツを残す**」ことだけです。「対岸に運んだものを連れて戻る」ことは禁止されていません。**「禁止されていないこと」を思いつき、論理的に考えられるかどうか**が、この問題を解くポイントです。

答えは、禁止されている状態にならないよう、**最初にヤギを対岸に運び、次にオオカミを対岸に運んだ後、ヤギを連れて戻ればいい**のです。

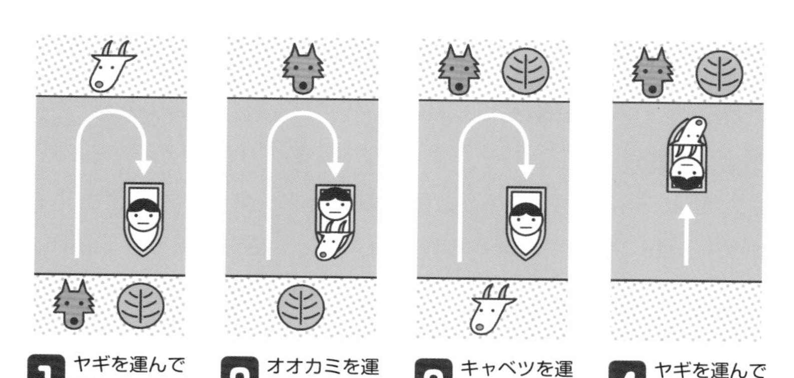

オオカミとキャベツの順番を入れ替えても、すべてを無事に運ぶことができます。

40 [数] 神秘的な数の並び？「フィボナッチ数列」とは？

なるほど！ **前の２項をたすと次項になる**数列で、**黄金比と深い関係**が見られる！

「数列」とは、ある規則にしたがって並ぶ数の列のこと。数列の各数を**「項」**、最初の項（**初項**）に一定の数（**公差**）をたし続ける数列を**「等差数列」**、初項に一定の数（**公比**）をかけ続ける数列を**「等比数列」**といいます。例えば「1234」という数列は、それぞれの数が「項」、１が「初項」で、これは１をたし続ける「等差数列」。初項１から２をかけ続ける「1248」は「等比数列」となります。

等差数列でも等比数列でもない数列の中で、特に有名なのが**「フィボナッチ数列」**です。フィボナッチ数列とは「1、1、2、3、5、8、13、21、34、55、89…」と続く数列で、イタリアの数学者フィボナッチが「ウサギの増やし方問題」として紹介しました〔図1〕。フィボナッチ数列は、最初の２項を除いて、**前の２項をたすと次項になる**という規則の数列で、現れる数は「フィボナッチ数」と呼ばれます。

フィボナッチ数列は不思議な性質があり、植物の枝や花、葉のつき方などに、フィボナッチ数列がひそんでいることが知られています〔図2〕。また、数列が進むにしたがって、**となり合う２項の比が黄金比の約1.618倍に近づいていきます**。こうしたことから、フィナボッチ数列は神秘の数字とされているのです。

フィボナッチ数列が示す自然法則

ウサギの増やし方問題〔図1〕

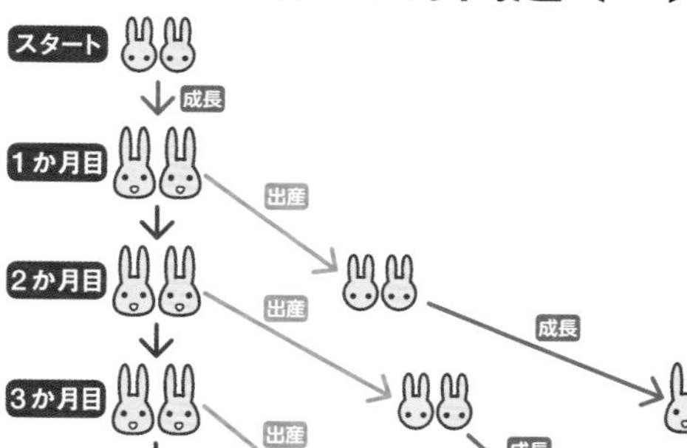

スタート時には1つがいの子ウサギがいる。子ウサギは1か月目に親になり、2か月目から子を産みはじめる。つがいの数を月ごとに数えると、「1・1・2・3・5・8…」となり、フィボナッチ数列になる。

枝分かれとフィボナッチ数列〔図2〕

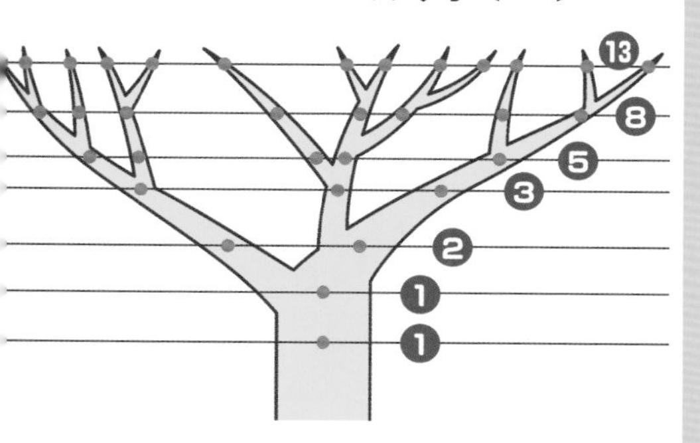

ほとんどの木はフィボナッチ数列によって枝分かれしていくという。

すごい！数学者 10

レオナルド・フィボナッチ

【1170頃～1250頃】

イタリアの数学者。フィボナッチは愛称で、『計算の書』を著し、アラビア数字や位取り記数法をヨーロッパに紹介した。

※本名に近いのはレオナルド・ダ・ピサ。

41 ［図形］「アリストテレスの車輪のパラドックス」って何？

なるほど！ **同心円の円周の長さ**は、ちがうはずなのに**同じ長さに見えてしまう**という逆説！

「すべての円周の長さは同じである」。そんなことはありませんよね？ しかし、これを証明できているような逆説があります。紀元前より知られる**「アリストテレスの車輪のパラドックス」**です。それは次のような問題です。

直径が異なる２つの車輪（円）があり、大きな車輪Ａと小さな車輪Ｂが同心円（中心を共有する２つ以上の円）になるように固定されています。この車輪が地面を１周したとき、車輪Ａの底の点が動いた長さは、車輪Ａの円周と同じになります。車輪Ｂは車輪Ａに固定されているので、**車輪Ｂは車輪Ａと一緒に動きます。このとき、車輪Ｂの底の点が動いた長さは、車輪Ａと同じように見えます**〔図1〕。しかし車輪Ａと車輪Ｂは、円周がちがうはずなので、矛盾します。どういうことでしょうか？

このパラドックスの解決法はいくつかありますが、車輪Ａの底の点の軌跡は**直線ではなくサイクロイド曲線**（➡**P92**）で進んでいることに気づけば、解くことができます。車輪Ｂの底の点の軌跡は、円の内部（または外部）が描くなだらかな曲線**（トロコイド曲線）**となります。２つの曲線を比べれば、車輪Ａの軌跡が車輪Ｂより長いことが、ひと目でわかります〔図2〕。

パラドックスの謎解き

アリストテレスの車輪のパラドックス〔図1〕

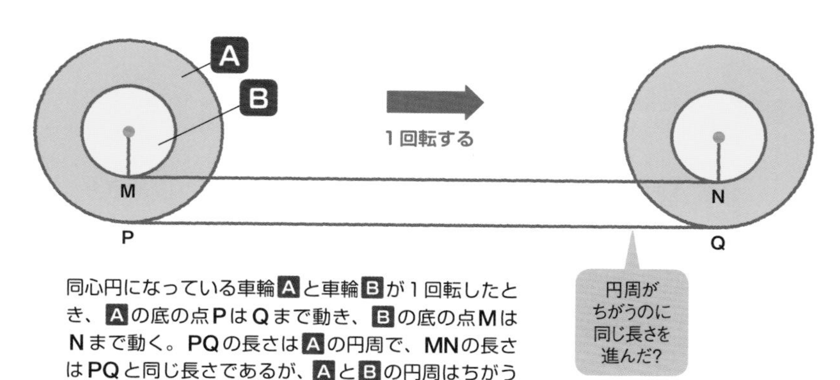

同心円になっている車輪Aと車輪Bが1回転したとき、Aの底の点PはQまで動き、Bの底の点MはNまで動く。PQの長さはAの円周で、MNの長さはPQと同じ長さであるが、AとBの円周はちがうはずなので矛盾する。

パラドックスの解き方〔図2〕

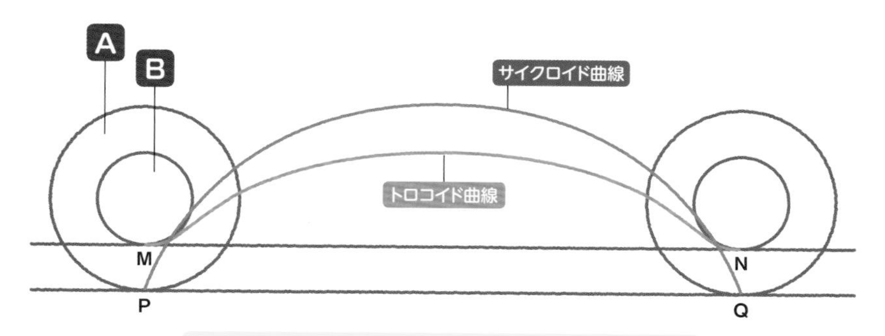

**PとMが描く軌道はそれぞれちがう曲線になり、
2つの曲線の長さは、それぞれの円周と一致する！**

42 ［図形］ 船の進むルートはどうやって測っている？

なるほど！ 15世紀の大航海時代は「**航程線**」で。
現在は「**大圏航路**」で測って進んでいる！

船で進むときの航路は、どうやって測っているのでしょうか？GPSなどの発達した現代であればともかく、15世紀頃の**大航海時代**などは、どうやって船を目的地まで航行させていたのでしょうか？

当時、長距離の航海を可能にしたのは、ポルトガルの数学者**ヌネシュ**が1537年に発見した**「航程線（等角航路）」**です。航程線とは、地球上の**経線（地球の両極を通る南北線）と常に一定の角度で交差しながら進んでいく航路**のことです。目的地に**羅針盤（コンパス）**を合わせたら、常にその角度を維持して進めばよいのです。

太平洋を横断して、東京からサンフランシスコまで航海する場合、両都市はほぼ同じ緯度に位置するので、進路を東に固定すれば到着できるのです〔図1〕。経線と緯線（赤道に平行な東西線）が直角に交わる**「メルカトル図法」**の地図では、航程線は直線になります。しかし、航程線は実際には曲線で、地球上の２点間を結ぶ最短距離ではありません。このため現在では、長距離を航行する航空機や船舶の航路には、燃料や所要時間を節約するため、航程線ではなく、**「大圏航路（大圏コース）」**が利用されています〔図2〕。大圏航路は、地球上の２点間を結ぶ最短ルートで、GPSなどで正確な現在位置を確認しながら、**常に方向を修正しながら進む**必要があります。

航程線と大圏航路の比較

東京からサンフランシスコまでの航路〔図1〕

メルカトル図法によると、航程線は直線で表され、大圏航路は曲線で表されるが、実際は大圏航路が最短ルートになる。

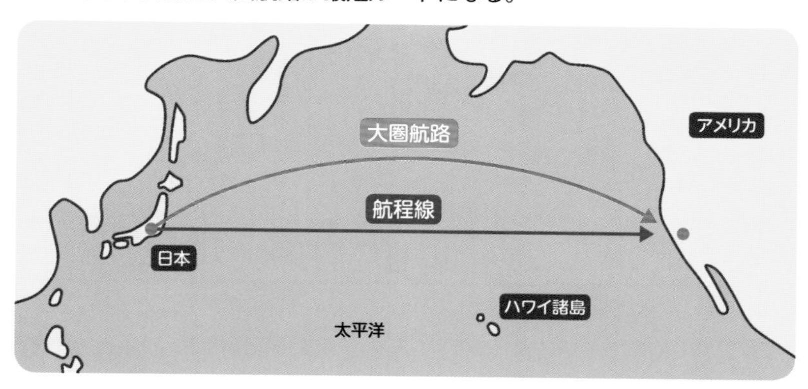

地球上で見た航程線と大圏航路〔図2〕

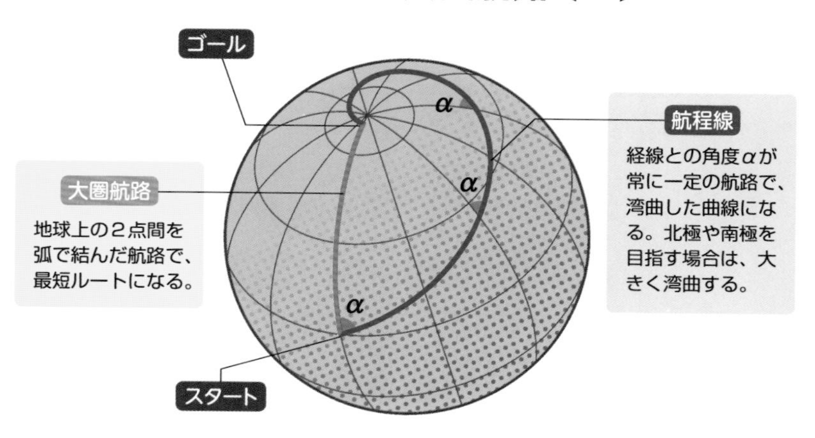

＼誰かに出したい！／

数学クイズ〈4〉

論理的思考が試される「往復の平均速度」問題

計算方法はかんたんなのに、まちがえる人が多い問題です。論理的に考えることで、正解にたどり着くことができます。

1 太郎さんは、自動車に乗って家からＡ市まで行きました。自動車の速度は時速40kmでした。

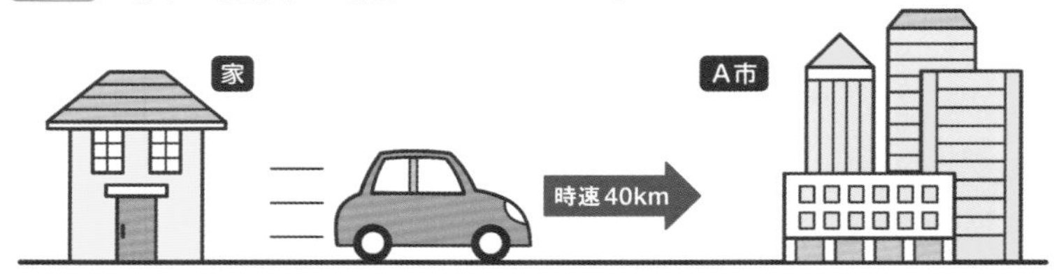

2 太郎さんは、Ａ市に行った後、自動車で家に戻りました。自動車の速度は時速60kmでした。

3 太郎さんは、Ａ市までちがう速度で往復したことになります。太郎さんの自動車の平均速度は、時速何kmでしょうか？

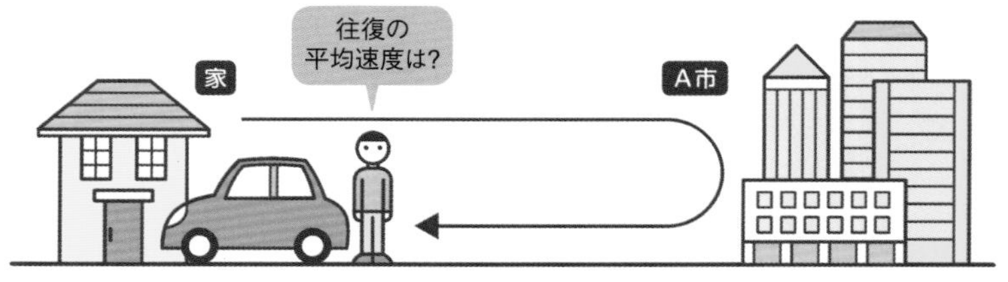

答え と 解説

行きが時速40kmで、帰りが時速60kmなら、**往復すれば2で割って、平均時速50km**と答えたくなりますよね？　しかしこの答えはまちがいです。なぜでしょうか？

この問題には「**距離」や「時間」が示されていません**。速度とは、距離を時間で割ることで求められます。「平均時速50km」が成立するのは、距離や時間も一定の場合のみです。家からA市まで距離は一定なので、仮に120km離れていると考えてみましょう。

行きにかかった時間

120km ÷ 時速40km ＝ 3時間

帰りにかかった時間

120km ÷ 時速60km ＝ 2時間

つまり、往復の距離は、120km × 2 = 240kmで、かかった時間は、3時間＋2時間＝5時間です。このことから**平均速度は、240km÷5時間＝時速48km**となります。

つまり正解は、時速48kmです。

家からA市までの距離を、例えば150kmにして計算しても、行きは3.75時間、帰りは2.5時間となり、往復300km÷(3.75＋2.5）時間＝時速48kmと、正解が求められます。

43 ［図形］ なぜ巻貝の貝殻は螺旋(らせん)模様なの？

なるほど！ 全体の形を変えずに**効率よく成長**するため、**対数螺旋**の形状になっている！

ぐるぐると渦巻く**「螺旋」**形状。巻貝、ヒツジの角など、自然界でも螺旋形状が見られますが、数学的な意味はあるのでしょうか？

螺旋にはさまざまな種類がありますが、**自然界で多く見られる螺旋が「対数螺旋」**と呼ばれるものです。対数螺旋は**「等角螺旋」**とも呼ばれ、**中心からのばした直線と、それと交わる点の接線がつくる角度が常に一定**になります〔図1〕。**数学者ヤコブ・ベルヌーイ**が詳細に研究したことにより、**「ベルヌーイの螺旋」**とも呼ばれます。対数螺旋は「**自己相似**」と呼ばれるもので、どんな倍率で拡大・縮小しても、回転させれば元の螺旋と同じになります。

オウムガイなどの巻貝の貝殻は、対数螺旋です。これは、巻貝が成長して貝殻を大きくするとき、**同じ比率で拡大した方が、全体の形も変えずに効率よく成長できるため**といわれています。もし角度を変えて成長すれば、貝殻にすき間ができたり、全体の形が変わってしまったりするのです。対数螺旋はほ乳類の角や、植物の蔓(つる)の巻き方、低気圧や銀河の渦巻などにも見られ、獲物を狙うハヤブサの飛び方も、対数螺旋を描くことで知られています〔図2〕。

ちなみに、対数螺旋は**黄金螺旋**（➡P98）と似ていますが、ちがう種類の螺旋で、螺旋を表す式もちがいます。

自然界に現れる神秘の螺旋

対数螺旋〔図1〕

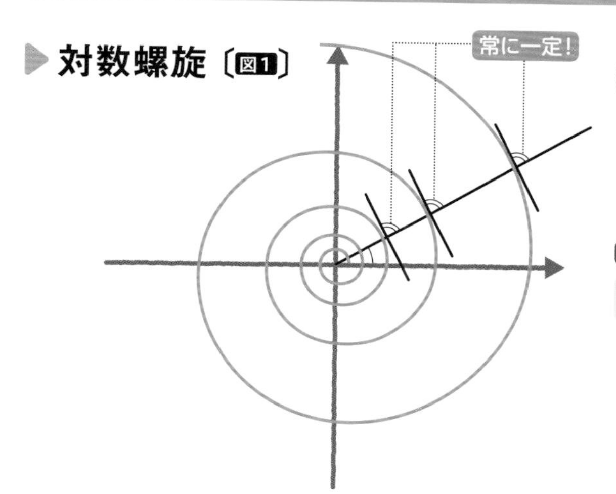

定義

中心からのばした直線と、それと交わる点の接線がつくる角度が常に等しい。

対数螺旋の式

$$r = ae^{b\theta}$$

rは原点からの距離、
a, bは倍率、
eはネイピア数（➡P192）、
θは角度を表す。

自然界で見られる対数螺旋〔図2〕

対数螺旋は縮小・拡大しても全体の形が変わらないため、自然界のさまざまなところで観察できる。

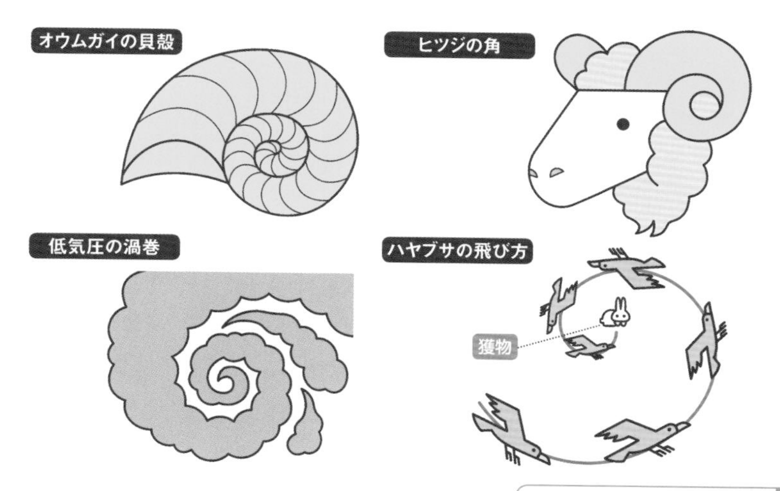

44 ［図形］ 螺旋（らせん）にはどのような種類があるの？

なるほど！ **代数的な式**で表せる「**代数螺旋**」には、「**アルキメデスの螺旋**」などさまざまある！

「対数螺旋」以外にもさまざまな螺旋があり、それぞれを表す数式もあります。代表的な螺旋に、紀元前225年にアルキメデスが紹介した**「アルキメデスの螺旋」**があります。「蚊取り線香」のような形で、渦巻の間隔が等しく、**「$r=a\theta$」**という式で表せます。rは原点からの距離、aは倍率（定数）、θ（シータ）は角度を表します。

外側にいくほど（θが大きくなるほど）、渦巻の間隔が狭くなる螺旋を**「放物螺旋」**といい、**「$r=a\sqrt{\theta}$」**という式で表せます。2本の放物螺旋が原点でなめらかにつながったものを**「フェルマーの螺旋」**といいます。17世紀の数学者**フェルマー**が定義した螺旋で、**「$r^2=a^2\theta$」**という式で表せます。**「$r\theta=a$」**で表せる螺旋が**「双曲螺旋」**で、この螺旋は大きな弧を描きながら少しずつ渦巻の間隔が狭くなり、原点付近で曲線の密度が増していきます。**「リチュース」**は、θが大きくなるほど原点に近づく螺旋で、**「$r\sqrt{\theta}=a$」**という式で表せます。

これらの螺旋は、**代数的な式**（数えられる数や文字を「＋、－、×、÷、$\sqrt{\ }$」の5つの演算を組み合わせてつくった式）によって表せるため、**「代数螺旋」**と総称されています。このため、式にネイピア数（➡P192）を含む対数螺旋は、代数螺旋に含まれません。

「代数螺旋」の種類

代表的な代数螺旋

アルキメデスの螺旋

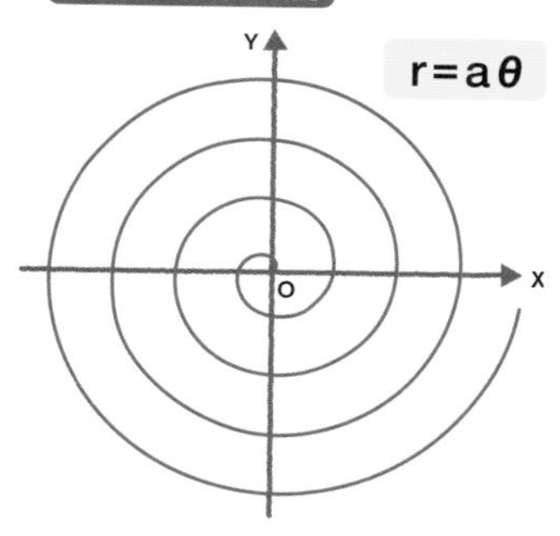

放物螺旋

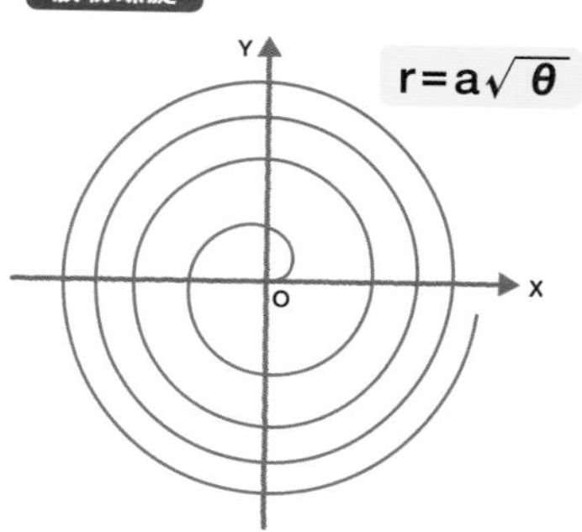

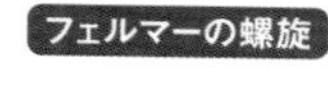

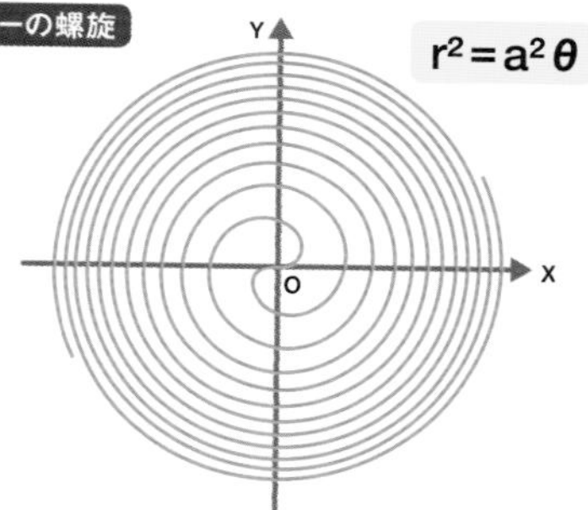

すごい！数学者 11

ピエール・ド・フェルマー

【1607～1665】

フランスの数学者。職業は裁判官で、余暇に数学を研究していた。「フェルマーの最終定理」(➡P208)でよく知られる。

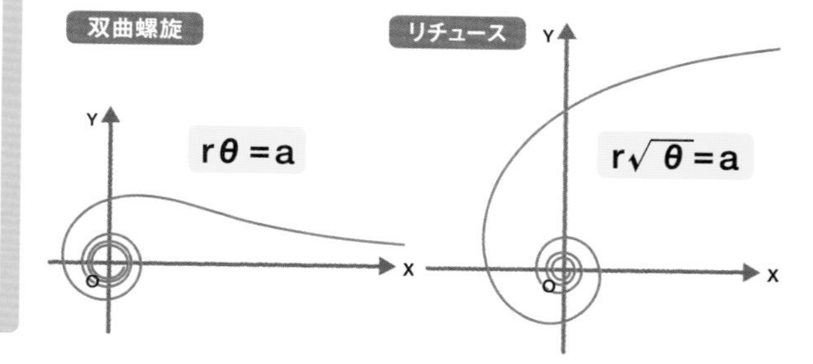

45 ［図形］ 箱の中に最も多くのボールを詰める方法は？

なるほど！ **六角形に積み上げていく**と最大密度になる！
その**数学的証明**には、数百年もかかった！

大きな箱の中に、同じ大きさのボールを詰めたとき、どういう詰め方をすれば、一番多く入れることができるでしょうか？

ボールを適当に箱（はこ）の中に投げ入れると、箱の中のボールの密度は**約65%**になることが実験で確かめられています。これよりもボールの密度を上げる方法は、**最初の層を六角形**になるようにボールを配置すること。最初の層にできたくぼみにボールを置いて次の層をつくり、３層以降も同じことをくり返せば、**最大密度**となります。３層以降の並べ方によって、**「六方最密充填（ろっぽうさいみつじゅうてん）」**と**「立方最密充填（りっぽうさいみつじゅうてん）」**の２通りあり、どちらも密度は$\pi/\sqrt{18}$**（約74%）**です〔右図〕。

1611年、ドイツの数学者**ケプラー**は、「六方最密充填・立方最密充填よりも高い密度でボールを配置する方法は存在しない」と主張しました。しかしこの**「ケプラー予想」**の証明は難しく、未解決問題となっていました。ケプラー予想は、1998年、アメリカの数学者**トーマス・ヘールズ**が、コンピュータを駆使することによってほぼ証明したのですが、コンピュータの計算がすべて正しいと保証できないため、数学界では**「99%は正しい」**とされました。そこでヘールズは、特別なソフトウェアを使って残りの１%の証明に挑み、2014年、**完全な証明**を成し遂げました。

最も高密度なボールの詰め方

六方最密充填と立方最密充填

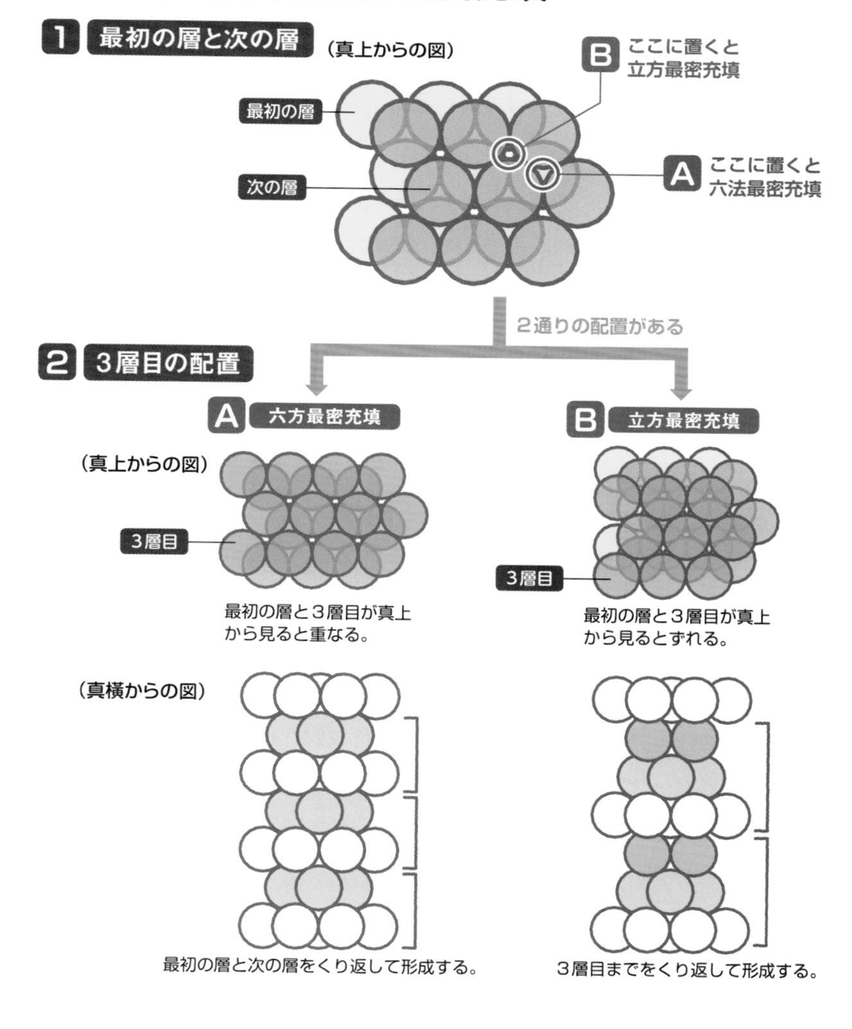

46 ［数］ 「集合」を表す？ ベン図の意味と見方

なるほど！ ベン図は、「**集合**」の考え方を表したもの。**視覚的**に示すのでわかりやすい！

「AまたはB」、「AもしくはB」などを表す図を「**ベン図**」といいます。これは数学的にどういったものなのでしょうか？

まず、ある条件で**明確にグループ分けできる「要素」の集まりを「集合」**といいます。例えば、「1～10までの2の倍数」という集合の要素は「2、4、6、8、10」となります。

また、「1～10までの2の倍数」をA、「1～10までの3の倍数」をBとすると、「6」はAとBのどちらにも属するため**「共通部分」となり、「$A\cap B$（キャップ）」**。AとBの最低一方に属する6以外の数は**「和集合」と呼び、「$A\cup B$（カップ）」**と表します。AやBの頭に棒（—）をつけると「Aでないもの」「Bでないもの」と否定を意味します。

集合で有名なのが**「ド・モルガンの法則」**で、**「$\overline{A\cup B}=\overline{A}\cap\overline{B}$」、「$\overline{A\cap B}=\overline{A}\cup\overline{B}$」**が成り立ちます。ド・モルガンの法則を理解するのに役立つのが**「ベン図」**で、集合の関係を図式化したものです〔図1〕。ベン図は、**二進法（⇒P30）による計算（ブール代数）**の理解に役立ちます。二進法では、「たし算、引き算、かけ算、割り算」は使えないため、**「論理積」「論理和」「否定」**の3種類で基本的な計算を行います〔図2〕。ブール代数は、コンピュータのデジタル回路の基礎となっている理論です。

集合を理解できるベン図

ベン図で示した「ド・モルガンの法則」〔図1〕

「ド・モルガンの法則」は、ベン図を使うと理解しやすくなる。

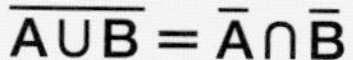

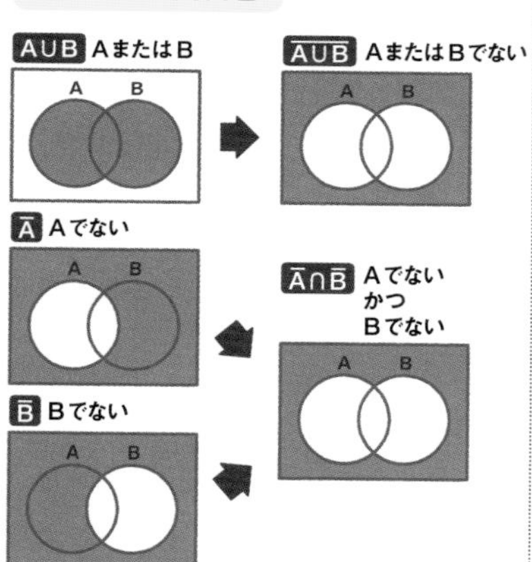

$\overline{A \cap B} = \bar{A} \cup \bar{B}$

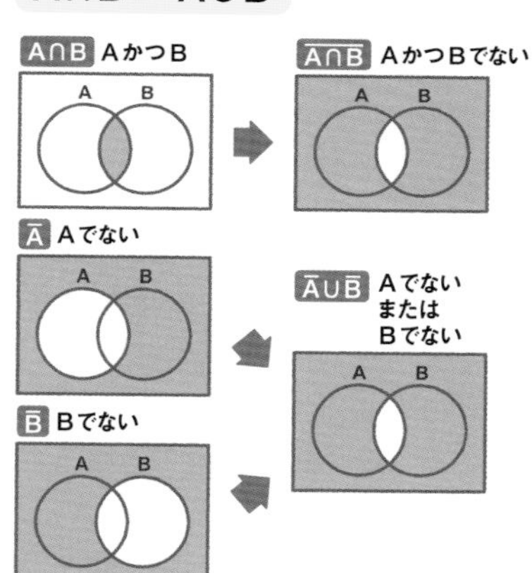

ベン図で示した「ブール代数」〔図2〕

論理積

2つの数が「1」のときのみ「1」になる。

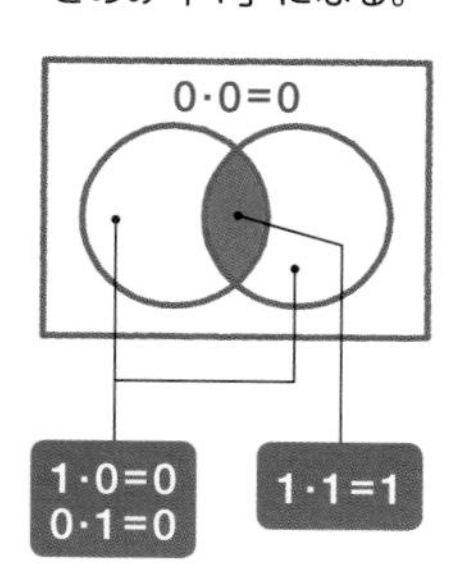

論理和

2つの数のどちらかが「1」のときに「1」になる。

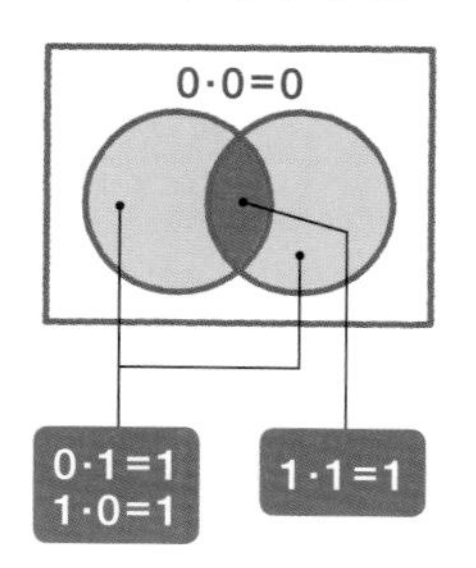

否定

論理積、論理和と逆の領域を示せる。

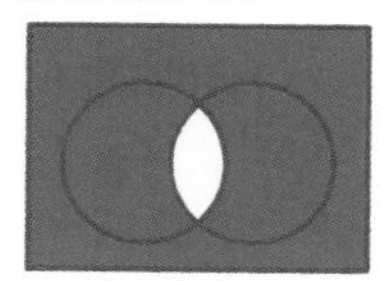

論理積の否定

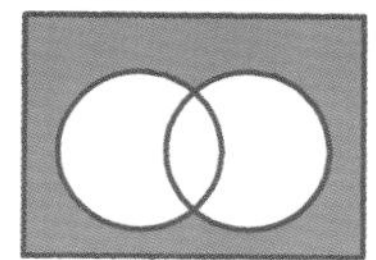

論理和の否定

江戸時代、米は俵に詰めて保管していました。米俵をピラミッド状に積み上げた形は、杉の形に似ていることから「杉形」と呼ばれ、杉形の米俵が全部で何俵あるかを計算する方法を「俵杉算」といいました。年貢が米だった江戸時代に、必須の計算方法でした。

問

俵が三角形に積まれています。
1番下の段が13俵、1番上の段が1俵です。
全部で何俵あるでしょう?

POINT

- 俵の三角形を上下逆にして2つ並べてみる!
- 下から2番目の段に何俵並んでいるかを考える!
- 積まれた段数が何段かを考える!

解き方 俵の三角形を上下逆にして２つ並べると、底辺が 14 俵、高さが 13 俵の平行四辺形になります。平行四辺形の面積を求めると、俵の数が計算できるのです。

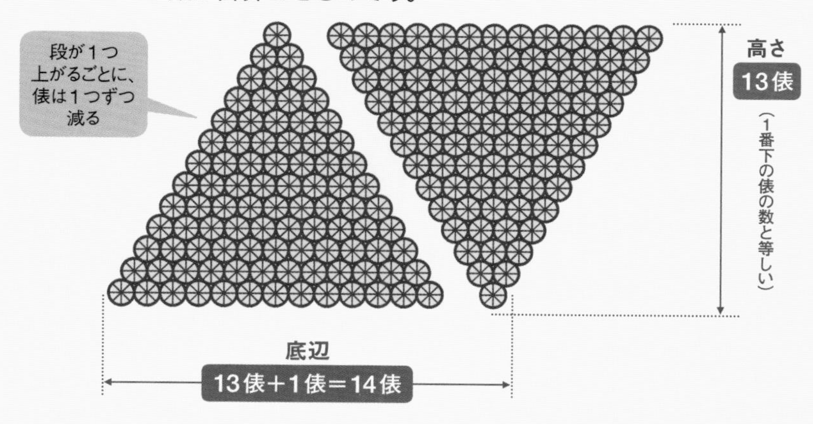

俵の数は 14(俵)×13(俵)＝182(俵)

これを２等分すると、正解になります。

182(俵)÷2＝91(俵)

答 91俵

別の問題&解き方

１番上が５俵の台形に積まれていた場合は、底辺が 13 俵＋５俵＝ 18 俵、高さが 13 俵－４俵＝９俵の平行四辺形として考える。よって、18 俵×９俵÷２＝81 俵が答え。

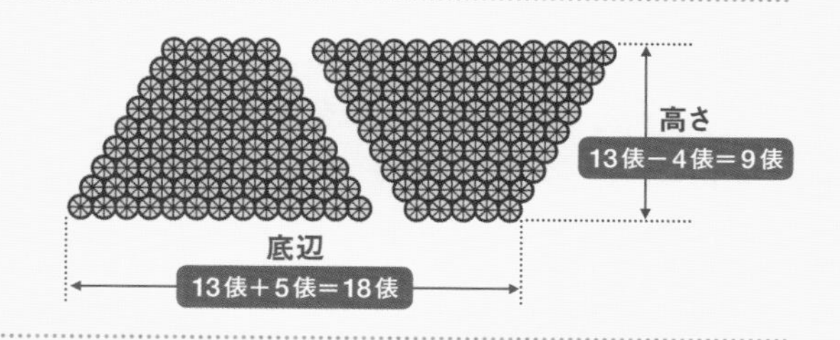

数学の偉人
2

5万ページの論文を書いた!? 究極の数学オタク

レオンハルト・オイラー

（1707－1783）

18世紀最大の数学者と呼ばれるオイラー。スイスのバーゼルで生まれ、カテナリー曲線を発見したヨハン・ベルヌーイのもとで数学を学び、能力を認められました。20歳のとき、ロシアのサンクトペテルブルクで科学アカデミーの教授となりましたが、28歳のとき、重い病気に目の酷使が重なり、右目の視力を失ってしまいました。

34歳でドイツに移住しましたが、その25年後、再びサンクトペテルブルクに戻りました。64歳のときには、残っていた左目の視力も失いましたが、研究意欲は失われることなく、「気が散らなくなった」と、驚異的な記憶力ですぐれた論文を数多く口述筆記し、76歳で亡くなるその日まで計算を続けていたそうです。オイラーが残した論文や著作は約560にものぼり、「人類史上、最も多くの論文を書いた数学者」といわれ、後世に多大な影響を与えています。

1911年に出版された『オイラー全集』は70巻以上あり、総ページ数は5万ページを超えているそうです。

オイラーは、「ネイピア数」（➡P192）を研究し、「オイラーの多面体定理」「オイラーの等式」（➡P212）などを発見したほか、素数に関する数式を示すなど、数学のさまざまな分野ですぐれた業績を残した、まさに「究極の数学オタク」と呼べる偉大な存在です。

3章

奇想天外！
数学の不思議な世界

無限や確率、三角比などには、
数学の奥深い世界がひそんでいます。この不思議な世界に
足を踏み入れたなら、世界の見方が変わるかもしれません。
むずかしさも楽しみながら、読んでいってみましょう。

47 ［図形］

正方形だけで図形を分解「完全正方形分割」とは？

なるほど！ すべて**異なる大きさの正方形**によって、**正方形や長方形を分割**する方法のこと！

「長方形を正方形で分割する数学パズル」というものがあります。長方形の中を、辺の長さが整数で、すべて異なる大きさの正方形で敷き詰めるというもので、**「完全正方形分割」**と呼ばれます。

これを最初に発見したのは、1925年、ポーランドの数学者**ズビグニェフ・モロン**で、32マス×33マスの長方形を9個の正方形で分割するものでした〔右図上〕。これは、完全正方形分割できる最小の長方形です。モロンはさらに、65マス×47マスの長方形を10個の正方形で分割する完全正方形分割も発見しました。

また、正方形を正方形で分割するのはかんたんですが、大きさのすべて異なる正方形で、正方形を分割するのは、長方形よりも困難といわれています。何年もの間、正方形の完全正方形分割は数学者たちに不可能だと考えられていましたが、1940年、**アメリカのトリニティ・カレッジの大学生4人**が、69個の正方形に分割できる完全正方形分割を発見しました。その後、彼らは正方形の数を39個にまで減らしました。そして1978年、オランダの数学者**デュイヴェスチジン**が、コンピュータを駆使し、**1辺が112マスの正方形を21個の正方形で分割できることを発見**しました〔右図下〕。今までのところ、21個が最小の完全正方形分割とされています。

正方形で長方形・正方形を分割する

最小の長方形・正方形の「完全正方形分割」

長方形（32マス×33マス）

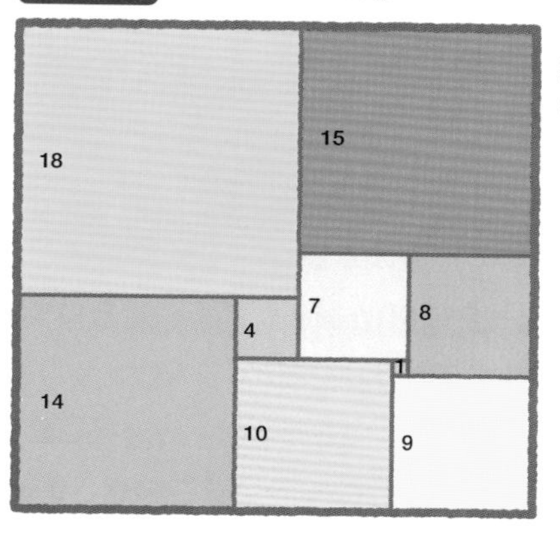

1辺の長さが「1、4、7、8、9、10、14、15、18」の9個の正方形で分割できる。

正方形（112マス×112マス）

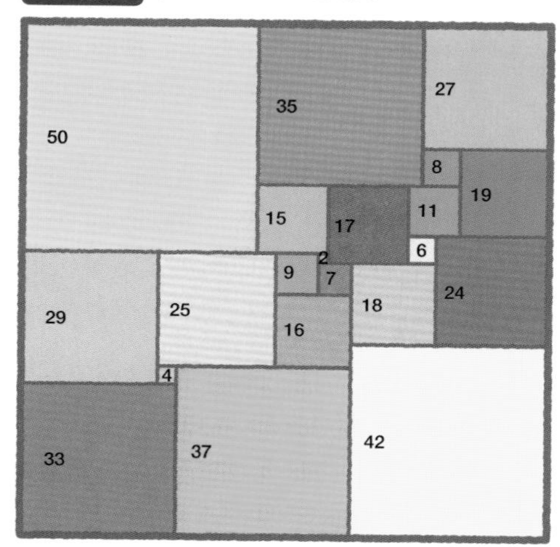

上辺から順番に、1辺の長さが「50、35、27、8、19、15、17、11、6、24、29、25、9、2、7、18、16、42、4、37、33」の21個の正方形で分割できる。

48 ［図形］ 道路標識の「急勾配」は何を示している？

100m進んだときに何m高くなる**坂道**か示す。
坂道の傾斜度は**三角比**によって求められる！

道路標識に**「急勾配あり」**と「%」で示されるものがあります。この「%」は、何の数値を示しているのでしょうか？

この標識は、**100m進んだときに何m標高が高く（または低く）なったかを示す数値**です。つまり勾配10%だと、100m進んだときに、最初の地点より10m高くなることを示しています〔図1〕。

また、この標識からは、斜面の角度も数学的に**「三角比」**を使って計算することができます。直角三角形において、3辺の長さをa、b、cとして、左下の角度（傾斜度）をθ（シータ）とすると、**sin（サイン）θは$\frac{b}{a}$、cos（コサイン）θは$\frac{c}{a}$、tan（タンジェント）θは$\frac{b}{c}$**で計算することができます。この三角比を研究した古代ギリシアの天文学者**ヒッパルコス**は、「三角比の表」をつくりました〔図2〕。この表により、三角形の角度を調べることができるのです。

勾配5％の場合、tan θは$\frac{5}{100}=0.05$に、勾配10%の場合、tan θは$\frac{10}{100}=0.1$にそれぞれなります。この数値をヒッパルコスの三角比の表で一番近い値を調べてみると、tan 0.05に一番近いのはθが3°（tan 0.0524）、tan 0.1に一番近いのはθが6°（tan 0.1051）となります。このことから、**勾配5％の傾斜の角度は約3°、勾配10%の傾斜の角度は約6°**とわかるのです。

坂道の勾配と三角比の関係

勾配10%の坂道〔図1〕

100m進むと、最初の地点より10m高くなる坂道。

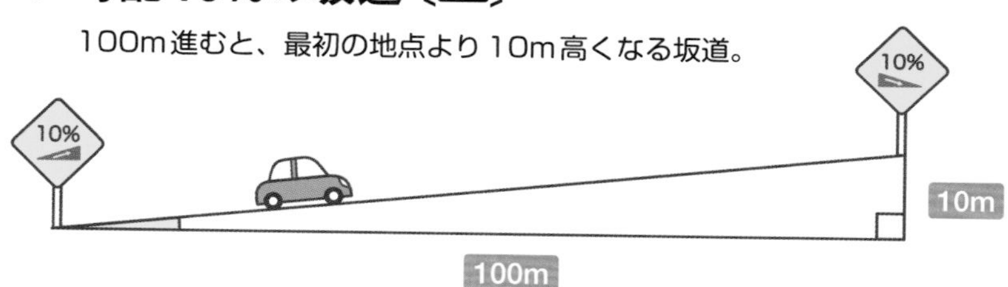

三角比と「三角比の表」〔図2〕

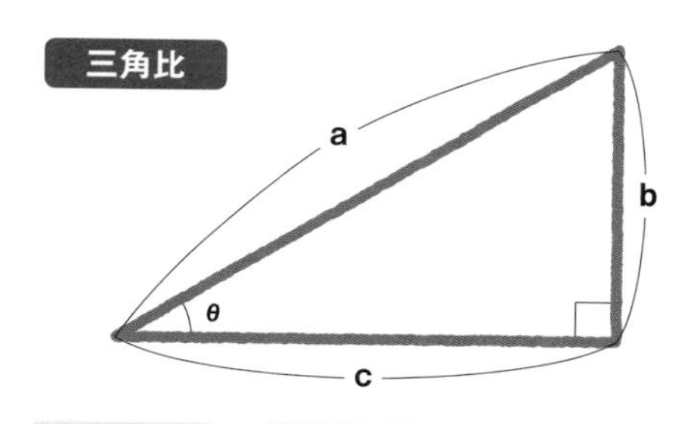

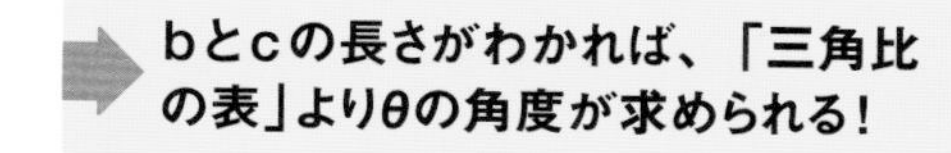

$\sin\theta = \frac{b}{a}$　$\cos\theta = \frac{c}{a}$　$\tan\theta = \frac{b}{c}$

➡ bとcの長さがわかれば、「三角比の表」よりθの角度が求められる！

例

- $\tan\theta = \frac{5}{100} = 0.05$ ➡ tan3°に近い
- $\tan\theta = \frac{10}{100} = 0.1$ ➡ tan6°に近い

三角比の表

θ	tanθ
1°	0.0175
2°	0.0349
3°	0.0524
4°	0.0699
5°	0.0875
6°	0.1051
7°	0.1228
8°	0.1405
9°	0.1584
10°	0.1763
30°	0.5774
45°	1.0
60°	1.7321

※tanθの一部で、小数第5位を四捨五入。

49 ［図形］ 正弦定理？ 余弦定理？ 何が求められる定理？

正弦定理や余弦定理は、**三角形の辺の長さ**や**内角の角度**を求めるための重要な定理！

三角形の辺の長さなどを導き出す「正弦定理」と「余弦定理」。それぞれ、どんな定理なのでしょうか？

「正弦」とは三角比（➡P126）のsin（サイン）の意味で、「三角形の内角のsinと、その内角と向かい合う辺の長さの比はすべて一定」「三角形のある辺の長さを向かい合う内角のsinで割ると、外接円の半径の２倍になる」ということを示します。

「正弦定理」では、〔**図1** **左**〕のような式が成り立ち、三角形の１辺の長さと、その両端の２角から、残りの２辺の長さを求めることができます。**正弦定理は三角測量に応用**でき、これにより、例えば、地球から月や星などの天体までの距離を測ることもできるのです〔**図2**〕。

「余弦」とは三角比のcos（コサイン）の意味で、三角形ABCの対辺をa、b、cとしたとき、**「$a^2=b^2+c^2-2bc\cos\angle A$」**が成り立ちます〔**図1** **右**〕。**「余弦定理」**では、三角形の２辺の長さとその間の角度がわかれば、残りの１辺の長さを求めることができます。例えば、遠距離にあるAとBの２点間の距離を求めることが可能になるのです。また余弦定理を使えば、３辺の長さがわかっている場合、３つの内角の角度を求めることもできます。

正弦定理で星までの距離もわかる

正弦定理と余弦定理〔図1〕

正弦定理

以下の等式が成り立つことを
正弦定理という。

$$\frac{a}{\sin A} = \frac{b}{\sin B} = \frac{c}{\sin C} = 2R$$

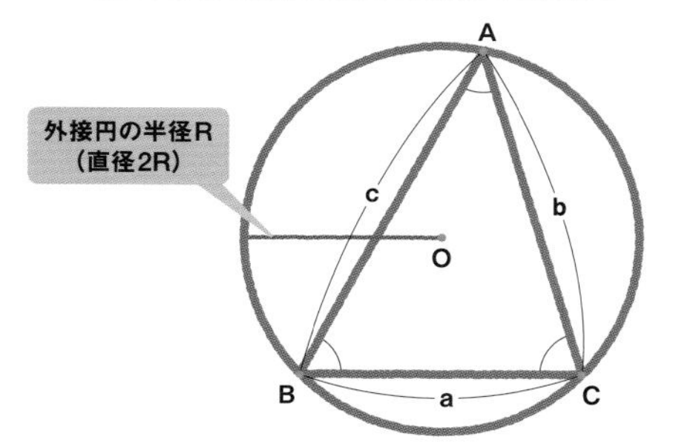

余弦定理

以下の等式が成り立つことを
余弦定理という。

$$a^2 = b^2 + c^2 - 2bc\cos\angle A$$

$$b^2 = c^2 + a^2 - 2ca\cos\angle B$$

$$c^2 = a^2 + b^2 - 2ab\cos\angle C$$

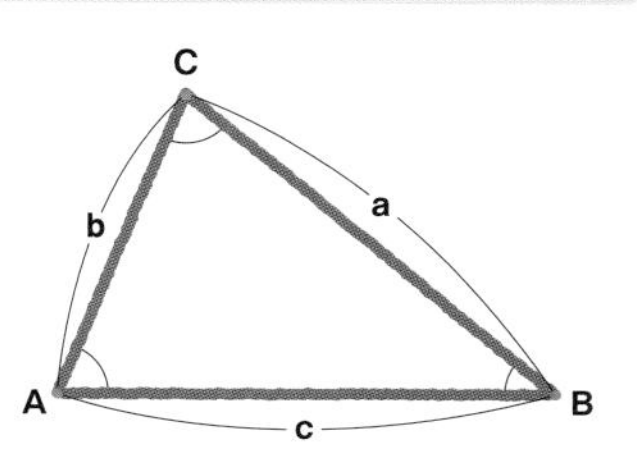

正弦定理による星までの距離の求め方〔図2〕

地球の公転の直径（a）と∠Aと∠Cの値がわかれば、星までの距離cが求められる。

$$c = \frac{a}{\sin A} \times \sin C$$

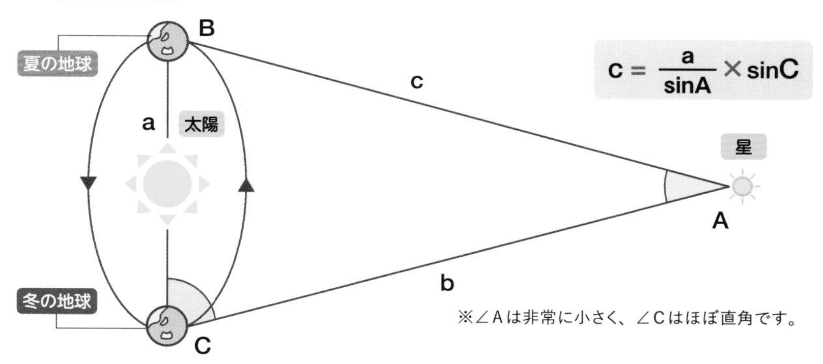

※∠Aは非常に小さく、∠Cはほぼ直角です。

誰かに
出したい！

数学
クイズ
〈5〉

破れたページは何ページ目？意外とわかる「総和の問題」

数学オリンピックで出題された問題です。「総和」の計算により、少ない情報でもページ番号を当てることができます。

１枚だけページの破れた本があります。破れていないページ番号を全部たすと、「25001」になりました。破れたページは、何ページ目でしょうか？

答え と 解説

この問題では、すべての数を合計する**「総和の計算」**が必要になります。和算でいえば、**「俵杉算」**（➡ **P120**）**と同じ考え方**になります。総和の計算の公式は、以下の通りです。

$$1+2+3+4+\cdots+N=\frac{1}{2}N(N+1)$$

破れたのは１枚なので、ページ番号は表と裏で２つ。さらに、続き番号になっているはずです。ページ番号を「X」「X＋1」と、総ページ数（最後のページ番号）を「N」と考えると、総和の計算の公式から、以下のような計算式になります。

$$\frac{1}{2}N(N+1)-X-(X+1)=25001$$

計算式を整理➡ $\frac{1}{2}N(N+1)=25001+2X+1$

両辺に2をかける➡ $N^2+N=50004+4X$

整理する➡ $N^2=50004+4X$ ➡50004よりはるかに小さい

N（総ページ数）と4X（破れたページ番号の4倍）は、N^2（総ページ数の2乗）や50004（総和の約2倍）よりはるかに小さな数と考えられるので、**総ページ数の2乗が約50000**と考えることができます。

$$N^2 \fallingdotseq 50000$$
$$N \fallingdotseq \sqrt{50000} \fallingdotseq 223.6$$

つまり、この本の総ページ数はおおよそ223ページ、224ページあたりだと考えられるのです。

N=223とすると、 $\frac{1}{2}(223^2+223)=24976$

となり、25001より小さくなるため矛盾します。

N=224とすると、 $\frac{1}{2}(224^2+224)=25200$ となります。

破れていないページの総和が25001で、破れたページ番号の和が2X＋1、総ページの和が25200なので、
25001＋2X＋1＝25200
2X＝25200－25001－1
X=99となります。このことから、**破れたページは、99ページ目と100ページ目**であることがわかります。

50 ［図形］ 一筆書きができる図形「オイラーグラフ」とは？

なるほど！ 一筆書き問題・**ケーニヒスベルクの橋**の証明。
頂点の数が偶数なら、一筆書きできる！

18世紀初め、ヨーロッパに**ケーニヒスベルク**（現在のロシア西部）という町がありました。この町には川が流れ、7つの橋がかけられていました。あるとき町の人が、**「ある場所（どこからでも）を出発して、7つの橋を1回だけ全部渡って、元の場所に戻ることができるか？」**という問題を出しました〔図1〕。

スイスの数学者**オイラー**は、この**「ケーニヒスベルクの橋の問題」**を点と線で図形化（グラフ化）しました。**橋を「点と点を結ぶ線」として考えた**のです。つまり、**始点と終点を一致させる一筆書き**によってこの図形を書くことができれば、全部の橋を1回だけ渡って、元の場所に戻れることが証明できるのです。この結果、オイラーは、橋の図形は一筆書きできないことを証明して、**「元に戻る経路は存在しない」**という答えを出しました。

一筆書きできるポイントは、**すべての点から偶数本の線が出ていること**、または**2点だけ奇数本の線が出ていること**です。ケーニヒスベルクの橋を図形化したものを見ると、どの点からも線が奇数本出ているため、一筆書きができないことがわかります。一筆書きができる図形には**「オイラーグラフ（オイラー閉路）」**と**「準オイラーグラフ」**があります〔図2〕。

経路から考えた「一筆書き」の条件

「ケーニヒスベルクの橋の問題」〔図1〕

７つの橋を１回だけ全部渡って、元の場所まで戻れる？

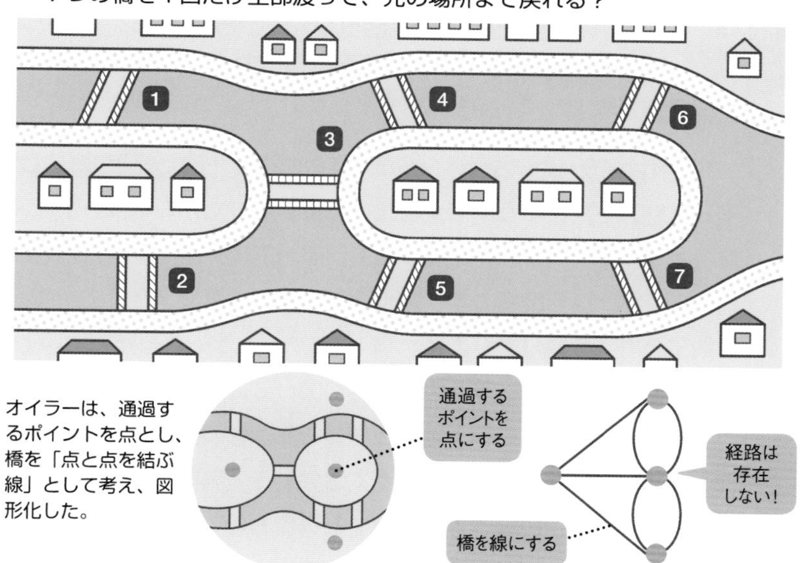

一筆書きが可能な図形〔図2〕

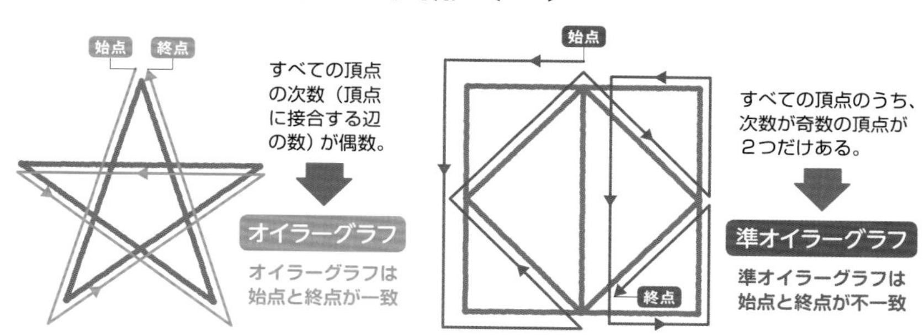

51 ［図形］ チェス盤すべてのマスに駒を1度だけ置く方法？

なるほど！ **巡回の経路**は、13兆通り以上も存在！
始点と終点が一致する閉路の判定は困難！

数学者**オイラー**は、古代インドが発祥とされる**「騎士巡回問題」（ナイト・ツアー）**というパズル問題を分析しました。これは、チェス盤の上で騎士（ナイト）を動かして、すべてのマスを１度だけ通る経路を探すという問題です。騎士の動き方は、１マス空けてナナメに飛ぶので、８通りあります。

代表的な解き方は、騎士の動き方に①～⑧の順番をつけ、①の動き方から順番に試していくというものです。①の動き方が成功すれば①を続け、①が失敗したら戻って②の動き方を試し、②が成功すれば、次はまた①の動き方から試すというものです。

盤が４マス×４マス以下の場合、解答はありません。５マス×５マスの盤では128通り、６マス×６マスの盤では320通りです〔図1〕。実際のチェス盤である**８マス×８マスでは、答えはなんと13兆通り以上**あるということなのです。

騎士の巡回経路には、**始点と終点が一致する「閉路」**もあります。グラフ上すべての頂点と線を１回ずつ通る閉路を**「オイラー閉路」**（➡P132）、グラフ上のすべての頂点を１回ずつ通る閉路を**「ハミルトン閉路」**といいます〔図2〕。騎士巡回問題における閉路を求めることは、ハミルトン閉路を求めるのと同じことになります。

騎士巡回問題で閉路を見つける

騎士巡回問題（6マス×6マスの場合）〔図1〕

駒の動き方

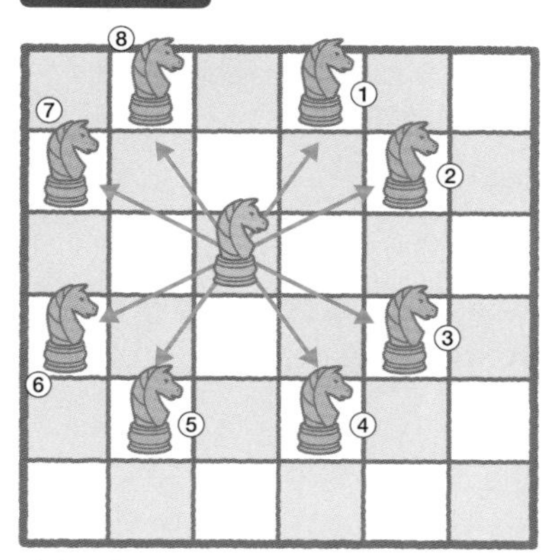

騎士の動き方は8通りある。

解答例

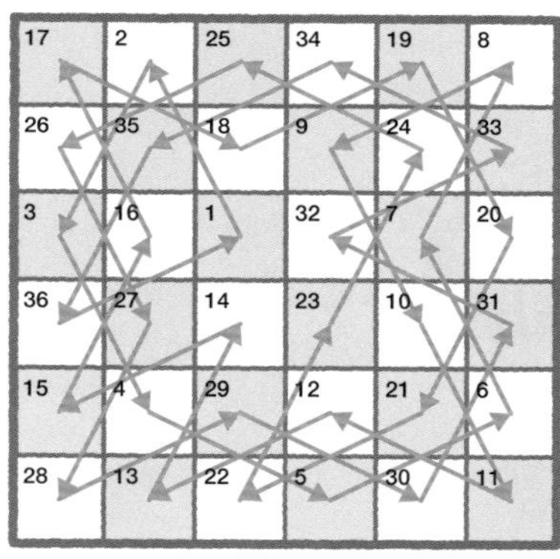

始点と終点が一致する「閉路」の例。

ハミルトン閉路〔図2〕

グラフ上のすべての
頂点を１回ずつ通る
経路のうち、始点と
終点が一致するもの。

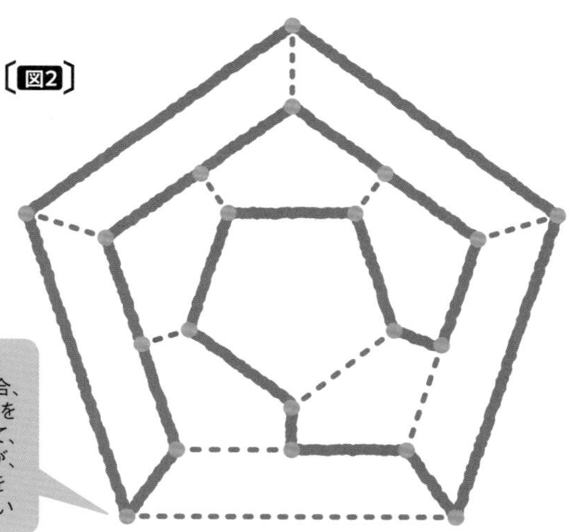

薬師算

碁石でつくった正方形の1辺のみを残して、ほかを崩します。残した1辺に沿って崩した石を並ばせて、その端数から碁石の総数を当てるクイズです。「12」という数がポイントになるため、「薬師如来（やくしにょらい）の12の請願」になぞらえて、薬師算と呼ばれます。

碁石を並べてつくった正方形があります。その碁石を1辺と同じ個数の列に並べかえます。最後の列の碁石の数は5個でした。さて、碁石の総数は？

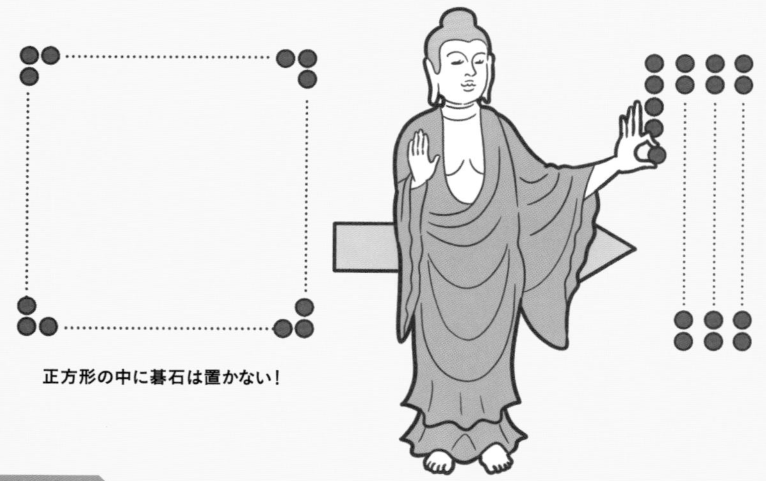

POINT

- 正方形の四隅の碁石は、2つの辺にダブっている！
- 最後の列に不足する碁石の数は、常に一定になる！
- 碁石の列を上下のまとまりに分けて考える！

解き方

正方形は４辺でつくられるので、４本の列ができるはずです。しかし、正方形の四隅の碁石は２辺にダブっています。このため、４列目に必ず碁石が４個不足するのです。

ここで、碁石の列を端数がある上段と、碁石が不足する下段に分けて考えてみましょう。

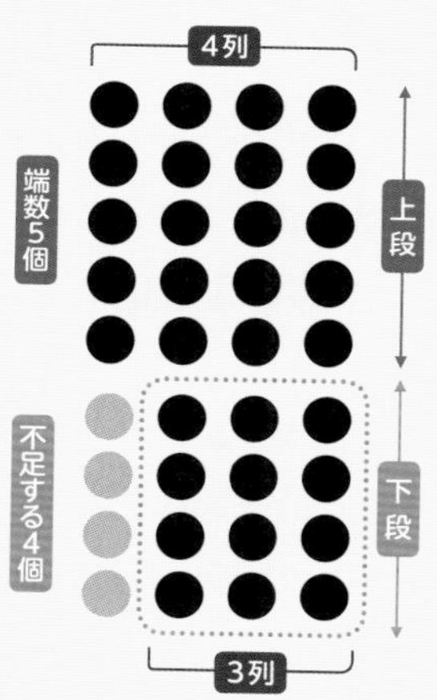

上段は **5個×4列＝20個** であることがわかります。

つまり、**上段の個数＝「端数×4」** で求められるのです。

下段は **必ず4個×3列＝12個** になります。

したがって、碁石の総数は、

20個＋12個＝32個

となります。

答 32個

別の問題&解き方

碁石で正三角形をつくる場合、碁石の列は3列でき、3つの頂点の碁石がダブります。つまり、端数（個）×３（列）＋３（個）×２（列）で求められます。端数が2の場合、碁石の総数は6＋6＝12個です。

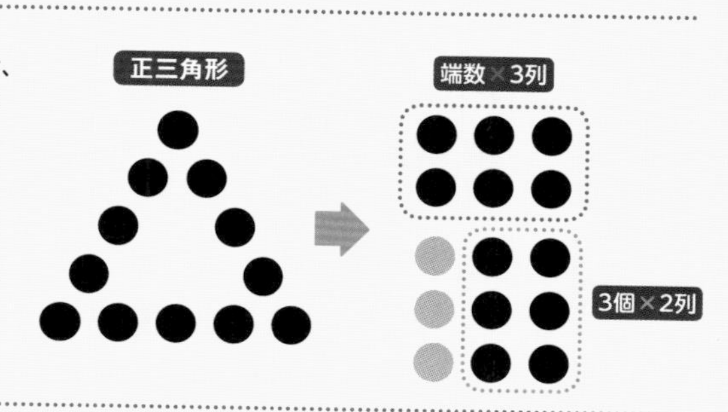

52 ［数］ 1＞0.9999…ではなく、1＝0.9999…が正しい？

数学的には、0.9999…と小数点以下に９が無限に続く「**循環小数**」は「**１**」**として考える！**

0.9999…と、**小数点以下の位に９が無限に続く循環小数**（➡**P28**）は、１よりも小さい数に思えますよね？　ところが数学においては、**1＝0.9999…**であると示します。なぜでしょうか？

$\frac{1}{3}$を小数で表すと、0.3333…と、小数点以下の位に３が無限に続きます。これを２倍すると、$\frac{2}{3}$＝0.6666…となります。３倍すると、$\frac{3}{3}$=0.9999…となるはずですが、$\frac{3}{3}$＝1です。よって、1＝0.9999…と説明できるのです〔**図1**〕。

ところで、**「1＝2」を、正しいように見せかける説明方法もあります**。a=bのとき、両辺にaをかけると、a^2=abとなります。両辺からb^2を引いて計算を続けると、2b=bとなり、2＝1という結論が導き出されるのです。この説明方法、実は（a-b）で割り算をしているところがまちがっています〔**図2**〕。**ある数を「0」で割ると計算式が成り立たず、この世に存在しない数になるからです**。

また、**∞（無限）**を使って「1＋∞＝∞」「2＋∞＝∞」となることから、「1＝2」と説明することもできるように見えますが、これも無限と自然数を同じ計算規則で扱っているため、まちがっています。「1＝2」を正しいように見せかける方法は、ほかにも多くありますが、**すべて数学的にはまちがい**です。

「1＝0.9999…」と「1＝2」の説明

数学的に「1＝0.9999…」は正しい？〔図1〕

1 ＞ 0.9999… ➡ 数学的にはまちがい？

1 ＝ 0.9999… ➡ 数学的に正しい！

1＝0.9999… をピザで考えると…

$\frac{1}{3}$ ＝ 0.3333… なので

$\frac{1}{3}+\frac{1}{3}+\frac{1}{3}$ ＝ 0.9999 …

よって、

0.9999 … ＝ 1

「1＝2」の説明方法とそのまちがい〔図2〕

説明のしかた

- a＝bが成り立つとしたとき、
両辺にaをかけるとa^2＝abとなる。
- 両辺からb^2を引くとa^2-b^2＝ab－b^2となる。
- a^2-b^2は(a＋b)(a－b)と因数分解でき、
ab－b^2はb(a－b)と書ける。
- (a＋b)(a－b)＝b(a－b)が成り立ち、
両辺を(a－b)で割ると、a＋b＝bとなる。
- a＝bであることから、2a＝a、よって2＝1となる。

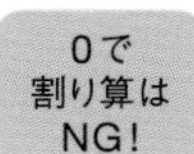

この説明のまちがい

a－b＝0となるため、0で割り算はできず、まちがいになる。

53 ［図形］ 無限の表面積と有限の体積をもつ図形？

「**トリチェリのラッパ**」は、数学上の「**発散**」と「**収束**」の考え方から生まれたパラドックス！

「無限」とは、何を意味するのでしょうか？　数学で無限といえば、**「限りなく大きくなる状態」**を意味します。例えば、「1，2，3，…，n…」と数が１ずつ無限に増えていく数列は「$\lim_{n \to \infty} n = \infty$」と表し、数学的にはこれを**「無限大に発散する」**といいます〔図1左〕。

これに対し「$1, \frac{1}{2}, \frac{1}{3}, \cdots, \frac{1}{n} \cdots$」と、分母が１ずつ増える分数が無限に続く数列は「$\lim_{n \to \infty} \frac{1}{n} = 0$」と表し、nが大きくなるにつれて限りなく「０」に近づきます。このとき、**「０に収束する」**といい、収束する値は、**数列の「極限（極限値）」**と呼びます〔図1右〕。

こうした無限の考えをもとにした、不思議な性質の図形があります。17世紀、イタリアの数学者**トリチェリ**が調べた**「トリチェリのラッパ」（別名：ガブリエルのラッパ）**です。一般的な立体図形は、表面積が無限に大きくなれば、体積も無限に大きくなります。しかし、トリチェリのラッパは**無限の表面積をもちながら、体積は有限**なのです。このラッパ形の空間図形は、「$y = \frac{1}{x}$（$1 \leqq x \leqq \infty$）」のグラフの曲線をx軸の周りに回転させることでつくられます。ラッパの長さは無限大にのびていきますが、微分・積分（➡P200）を使って計算すると、表面積は発散し、体積は収束してしまうということになるのです〔図2〕。

有限と無限が結びついた図形

「発散」と「収束」〔図1〕

無限数列の値は「収束」しないとき「発散」する。

例 1^2, 2^2, 3^2, …, n^2 …

と限りなく続く数列

$\lim_{n \to \infty} n^2 = \infty$（無限大）

無限大に発散する

収束

例 $1+\frac{1}{1}$, $1+\frac{1}{2}$, $1+\frac{1}{3}$, $1+\frac{1}{n}$ …

$\lim_{n \to \infty} \left(1+\frac{1}{n}\right) = 1$

極限値「1」に収束する

トリチェリのラッパ〔図2〕

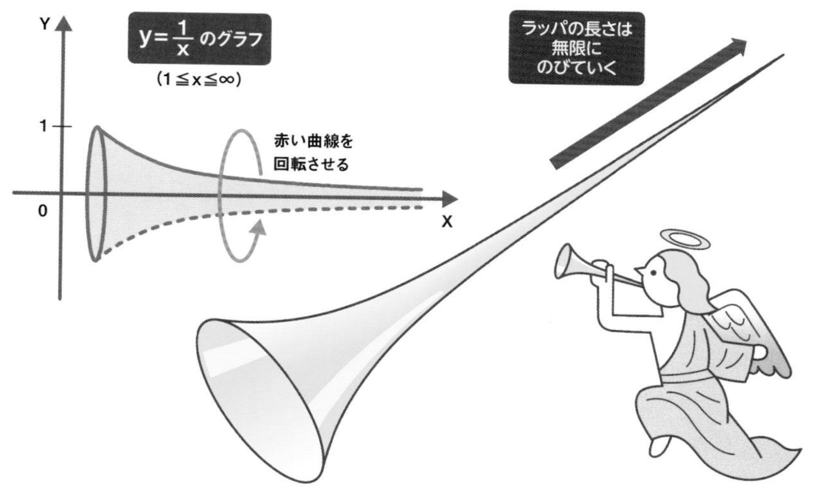

トリチェリのラッパは、有限と無限（神）が結びついているため、『新約聖書』で「最後の審判」を告げる大天使ガブリエルが吹くラッパになぞらえ、「ガブリエルのラッパ」とも呼ばれる。

これなら当たる!?
選んで数学
③

無限に部屋があるホテルが満室。新たに無限の客を泊められる?

泊められる　or　泊められない

無限に部屋があるホテルがあったとします。ここには無限の数の客が泊まっています。ある日、このホテルに、さらに無限の数の客がやってきました。すでにホテルの客室は、無限の客でいっぱいのはずですが、新たに無限の数の客を泊めることはできるのでしょうか？

これはドイツの数学者**フィット・ヒルベルト**（1862〜1943）が考案した**「ヒルベルトの無限ホテル」**と呼ばれる有名なパラドックス問題で、無限の不思議な性質を示す問題です。

まず、無限の数の客が泊まっている無限ホテルに、新たに１人の客がやってきた場合で考えてみましょう。ホテルはすでに満室です。

そこでホテルのオーナーは、ホテルの客に、今いる部屋番号より１つ大きな部屋番号の部屋に移ってもらいました。すると「１号室」が空室になり、新たな客は、そこに泊まることができました。もし、10人、100人と**「有限」の新しい客がやってきたとしても、その人数分だけ部屋を移ってもらえば、空室をつくれる**のです。

ところが今回の問題では、無限ホテルに新たに「無限」の数の客がやってきています。この場合はどうでしょうか？

この場合、オーナーは１号室の客を２号室へ、２号室の客を４号室へ…と客室番号を２倍した部屋**（偶数番号の部屋）**に移ってもらいます。すると、**無限にある奇数番号の部屋が空室**となりました。このようにすることで、新たな無限の数の客を、奇数の部屋に案内できるようになるのです。

満室の無限ホテルに無限の客を泊める方法

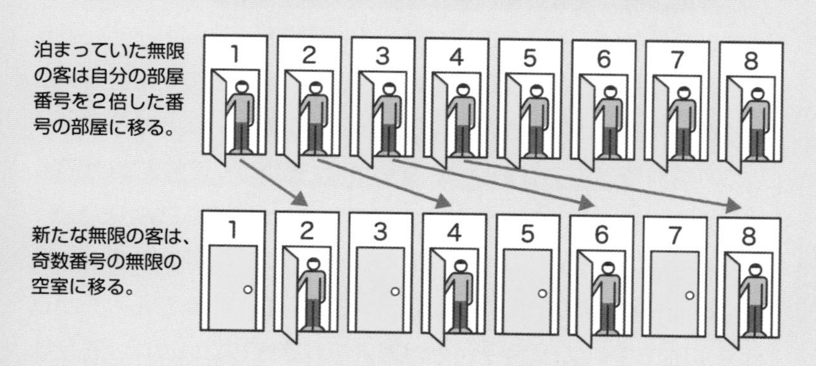

実際にはありえないことですが、これは数学上の理屈ではこうなります。よって、正解は「泊められる」になります。

54 ［数］ アキレスはなぜ亀に追いつけない？

なるほど！ 追いつくまでの時間を、**無限に細かく区切っている**から追いつけない！

無限をテーマにした有名なパラドックスに**「アキレスと亀」**という話があります。それは次のようなものです。

ギリシア神話に登場する駿足の英雄アキレスが、先行する亀を追いかけました。アキレスがスタートしたとき、亀はＡ地点にいました。アキレスがＡ地点に到達したとき、亀は少し進んだＢ地点にまで移動しています。アキレスがＢ地点に到達したとき、亀はＣ地点にまで移動しています。このように、**アキレスがどれだけ亀のいた地点に到達しても、亀は少しだけ先に進んでいる**ので、いつまでも追いつけない、という理屈の話です〔右図〕。

常識的に考えるとアキレスは亀に追いつけるはずですが、追いつけない理屈も通っているように思えます。なぜでしょうか？

これは、**「アキレスが追いつけないのは、追いつく直前までの時間」**で考えているためです。あと１秒で追いつける距離になったとき、0.9秒後は？　その0.09秒後は？　その0.009秒後は？…と無限に時間を細かく区切っていけば、永遠に追いつけません。しかし0.9＋ 0.09＋0.009＋…と無限にたし算をしていけば、答えは限りなく「１」に近づき**収束**します。つまり、細かく区切った数を無限にたしていくと、**有限の値**に近づくという話なのです。

無限をテーマにしたパラドックス

「アキレスと亀」のパラドックス

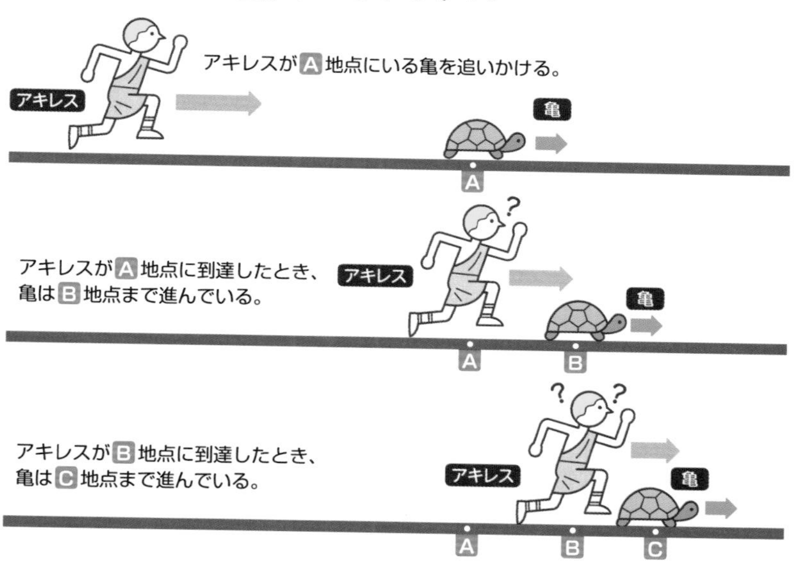

アキレスが亀に1秒後にD地点で追いつくとしたら…

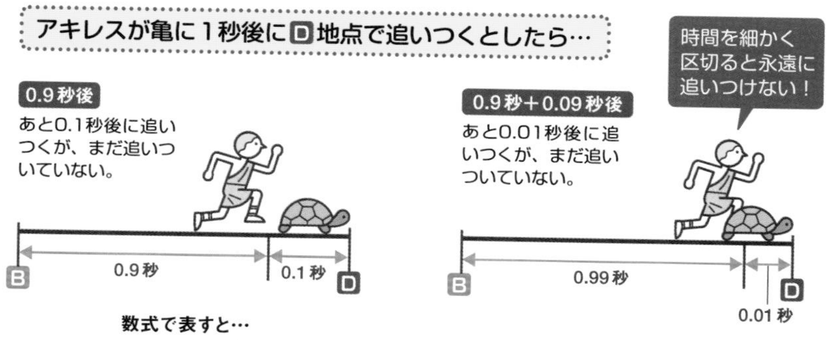

数式で表すと…

$$\lim_{n \to \infty}\left(1-\frac{1}{10^n}\right)=0.9+0.09+0.009+\cdots=1$$

からす算

999匹の大量のからすが登場する計算なので「からす算」と呼ばれます。「999」を使ったかけ算といえば、電卓を使わなければ無理なような気がしますが、計算式を少し工夫すれば、かんたんに解くことができるのです。

999か所の砂浜に、それぞれ999羽のからすがいます。それぞれのからすが999回ずつ「カァ」と鳴くと、鳴き声は全部で何回になるでしょうか?

POINT

- 「999」は「1000－1」であることを利用する!
- 1000倍した数から、その数自身を引くこと!
- 999を何回かけても、計算の順番は同じ!

解き方

問題をそのまま計算式で表すと、次のようになります。

999（砂浜の数）**×999**（からすの数）**×999**（鳴き声の数）**＝全部の鳴き声**

このまま暗算や、かけ算の筆算をしようとすると大変ですが、「999」を「1000－1」に置きかえてみることが、からす算のポイントです。「1000－1」に置き換えると、全部の砂浜にいるからすの数は、次のように計算できます。

999×(1000－1)＝999000－999
＝998001

1000倍した数から、999を引いた数！

からすの数がわかったので、からすの全部の鳴き声を求める計算式は、次のようになります。

998001×(1000－1)
＝998001000－998001
＝997002999

1000倍した数から、998001を引いた数！

9億9700万2999回

別の問題&解き方

990の砂浜に、990羽のからすが990回ずつ鳴いたとすると「990」を「1000－10」に置きかえて計算できます。右の計算式のようになって、答えは9億7029万9000回となります。

990×(1000－10)＝990000－9900
＝980100
980100×(1000－10)＝980100000－9801000
＝970299000

55 [数] 美しい数学パターン「パスカルの三角形」って？

二項定理の係数を三角形状に並べたもので、さまざまな**数学的性質**が隠されている！

2^3（＝2×2×2）など、同じ数をくり返しかけ合わせたものを**「累乗（るいじょう）」**といいます。そして式を累乗した場合、つまり$(x+y)^2$といった**n乗の式を展開するときの定理を「二項定理」**といいます。

n＝2の場合、$(x+y)^2=x^2+2xy+y^2$となり、**係数**（文字の前についている数）は「1，2，1」となります。n＝3の場合は$(x+y)^3=x^3+3x^2y+3xy^2+y^3$となり、係数は「1，3，3，1」となります。この**二項定理の係数を三角形状に並べたものを「パスカルの三角形」**といいます。数学者**パスカル**が研究していたためこの名で呼ばれていますが、古代から研究されていた定理です。

パスカルの三角形は、**「数学における最も美しいパターン」**といわれ、隣り合う２つの数の和が、すぐ下の数になっています〔右図〕。また、各段の最初と最後は「１」で、各段の２番目には「1，2，3，4…」と**自然数**が現れます。各段３番目に並ぶ「1，3，6，10，15…」は、**三角数**（点を正三角形状に並べたときの点の総数）が現れ、各段４番目には**四面体数**（点を正四面体状に並べたときの点の総数）が現れます。また、ナナメに数字をたしていくと**フィボナッチ数列**（➡**P104**）が現れるなど、さまざまな数学上の性質が隠されているのです。

多くの数学的性質が隠された三角形

パスカルの三角形

二項定理の係数を三角形状に並べたものには、さまざまな性質が現れる。

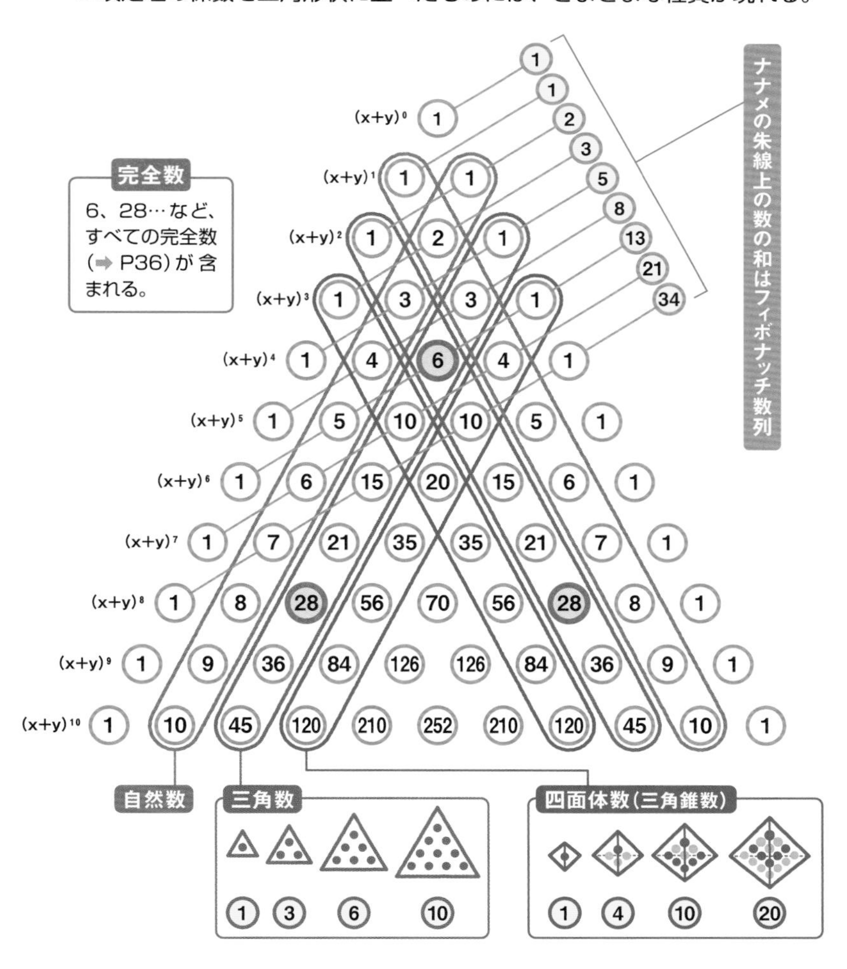

56 ［図形］ 素数の正多角形を作図することはできる？

計算によって**正十七角形**を描く方法を、若き日の天才数学者**ガウス**が発見した！

三角形や正方形、正六角形ぐらいなら、**定規とコンパスを使って作図**できそうですが、それよりも複雑な正多角形を作図する方法はあるのでしょうか？　正三角形、正方形、正五角形などの正多角形は作図が可能ですが、19世紀まで、素数の正多角形（正素数角形）で作図が可能なのは、**「正三角形」**と**「正五角形」**の2つだけだと考えられてきました。しかし1796年3月30日の朝、19歳だった天才数学者**ガウス**（➡**P170**）は、ベッドから起き上がった瞬間に**「正十七角形」**の描き方を思いついたのだそうです。

このときガウスは、**円を17等分した角のコサイン「$\cos\frac{2\pi}{17}$」を、四則演算とルート（√）だけで表現できる**ということを示して、正十七角形が作図可能であることを証明しました〔右図〕。その後、正十七角形は、さまざまな作図方法があることが発見されました。

ガウスは、作図できる正素数角形は、17世紀のフランスの数学者**フェルマー**が発見した**「フェルマー素数」**に関係していることも証明しました。フェルマー素数は、**「$2^{2^n}+1$（nは自然数）」**で表される素数で、**「3,5,17,257,65537」**の5つが知られています。つまり、正素数角形で、定規とコンパスだけで作図できるものは、この5つしか知られていないのです。

正十七角形を描くための考え方

ガウスによる正十七角形の作図方法

実際の作図手順は複雑なため省略。
ここでは考え方を説明する。

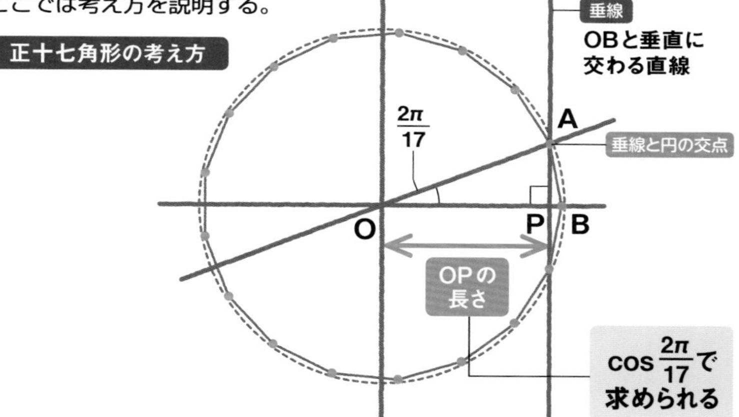

作図方法

- OPの長さは$\cos\frac{2\pi}{17}$という式で求められる。
- Pを通る垂線を引くと、円と交わる点Aは正十七角形の頂点となる。
- OPをのばした直線と円が交わる点Bと点Aを結ぶ直線は、正十七角形の1辺となる。
- 上記の直線と等間隔に印をつけていくと、正十七角形が作図できる。

数式で表すと…

$$\cos\frac{2\pi}{17}=\frac{1}{16}\left(-1+\sqrt{17}+\sqrt{34-2\sqrt{17}}+2\sqrt{17+3\sqrt{17}-\sqrt{170+38\sqrt{17}}}\right)$$

➡ 四則演算と√で表現可能であれば、作図が可能であることがわかる！

57 ［図形］

「二角形」ができる？球の不思議な性質

球面上では、**二角形**ができたり、
三角形の内角の和が**180°より大きくなる！**

「球」とは、空間において、ある１点（中心）から等距離にある点の集まりのことをいいます。実は、球面では、平面における幾何学（図形や空間についての数学）＝ユークリッド幾何学が通じない不思議な性質をもち、**「球面幾何学」**と呼ばれています。この「球」の不思議な性質を見てみましょう。

球は、どこから見ても円形で、球のどこを平面で切っても切り口が円になります。この円を、球の中心を通る平面でスパッと切るイメージをしてみてください。この切り口が球の中心を通るとき、切り口の円は最大になり、その円を**「大円」**と呼びます。半径rの球の**表面積は$4\pi r^2$、体積は$\frac{4}{3}\pi r^3$**で求めることができます。

球の表面上に２本の直線（２点間の最短距離を結ぶ線のことで、大円と同じ）を描いて伸ばしていくと、必ず球面上で交差し、その反対側でも交差します。このとき、**２つの頂点と２つの辺をもつ「二角形」**ができるのです〔図1〕。

また、球面上に三角形を描くと、平面の三角形よりふくらむので、**内角の和が180°より大きく**なるのです。さらに球を水平に２分割して、それを真上から４分割してできた三角形は、それぞれの内角が90°、**内角の和が270°の正三角形**ができます〔図2〕。

球面における図形の性質

球の表面にできる「二角形」〔図1〕

球の中心を通る切り口を「大円」という。

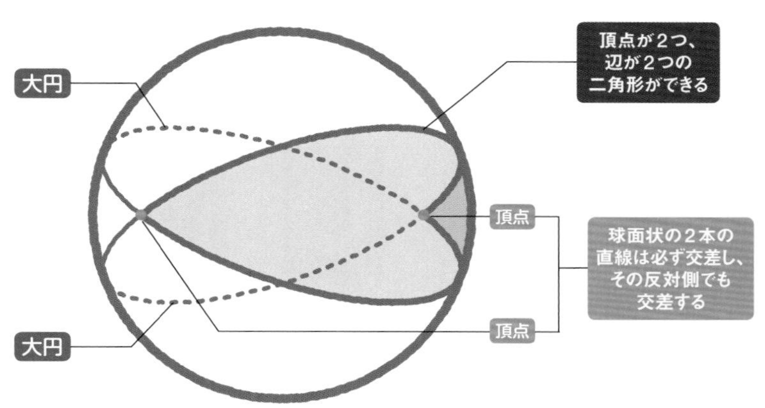

球面上の「三角形」の性質〔図2〕

球を水平に2分割、真上から4分割すると、三角形ABCは正三角形になり、内角はそれぞれ90°（内角の和は270°）になる。

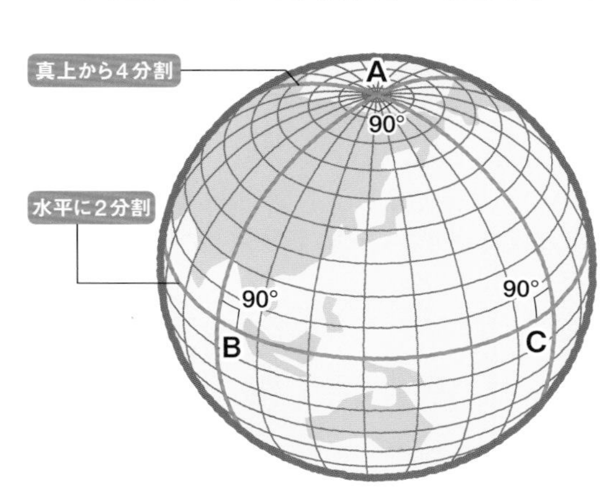

球面上の三角形の面積

$$r^2(a+b+c-\pi)$$

半径をr、三角形ABCの内角をそれぞれa，b，cとすると、上の式で面積が求められる。

誰かに
出したい！

数学クイズ〈6〉

直感的に納得できない？「モンティ・ホール問題」

アメリカのテレビ番組で放送され、大反響を呼んだ問題です。直感的に納得できない人の多い確率問題として有名です。

1 ３つの扉 A B C があり、どれか１つに当たりの賞品が入っています。挑戦者は１つの扉を選びます。

司会者

挑戦者

2 司会者（モンティ・ホール）は答えを知っており、残りの２つの扉からハズレの扉を選んで開けます。

司会者

挑戦者

3 司会者は挑戦者に「選んだ扉を、もう１つの扉に変えますか？変えませんか？」と聞きます。このとき変えるべきか、変えないべきか、どちらでしょう？

司会者

挑戦者

答え と 解説

残った扉はBとC。当たる確率は$\frac{1}{2}$。だから扉を変えても変えなくても、確率は変わらないと思いますよね？　しかし、**最初の扉を選ぶ段階から考えると、正しい確率が見えてきます**。最初から考えてみましょう。

扉を変えない場合の確率 → **最初から $\frac{1}{3}$**

扉を変える場合の確率

- **最初にAを選んだ場合** → 司会者はCを開け、挑戦者はBに変更して当たり
- **最初にBを選んだ場合** → 司会者はAかCを開け、挑戦者はAかCに変更するためハズレ
- **最初にCを選んだ場合** → 司会者はAを開け、挑戦者はBに変更して当たり

A B C どの扉が当たりでも、扉を変えると確率は$\frac{2}{3}$になります。つまり、３つの扉のうちから「ハズレの扉」を当てる確率が、当たる確率になるのです。

このことから、**扉を変えることで当たる確率は$\frac{1}{3}$から$\frac{2}{3}$にアップさせられる**のです。

58 ［数］ ロイヤル・ストレート・フラッシュの出る確率は？

役は**４通り**。これを52枚のカードから５枚を選び出す**組み合わせ数で割る**と確率が出る！

トランプのポーカーで最強の役は、同じマークの「10」「ジャック（11）」「クイーン（12）」「キング（13）」「エース（1）」の５枚のカードがそろった**「ロイヤル・ストレート・フラッシュ」**です。この役が出る確率は、どのくらいなのでしょうか？

確率とは、それが起きる場合の数を、すべての場合の数で割ったもののことをいいます。確率には**順番をつけて並べる「順列」**と、**順番をつけずに選ぶ「組み合わせ」**があります。５人から３人を選んで１列に並べるのは「順列」、５人から３人を選んでチームをつくるのは「組み合わせ」です〔図1〕。

トランプは同じマークのカードが13枚ずつ計52枚あります。ここから５枚を取り出して順に並べる方法は、52×51×50×49×48＝３億1187万5200通り。しかし、取り出した５枚は順番が関係ない**「組み合わせ」**です。５枚のカードの組み合わせは120通りあります。つまり、52枚から５枚を選ぶ組み合わせは、３億1187万5200÷120＝259万8960通りです。

ロイヤル・ストレート・フラッシュは♠♦♥♣のマークごとの４通りのみ。**役が出る確率は4÷259万8960×100≒0.00015%**となります〔図2〕。つまり**約65万回に１回**となります。

確率の「順列」と「組み合わせ」

「順列」と「組み合わせ」の公式〔図1〕

順列の公式 n個の中からk個を選んで順番をつけて並べる配列。

$${}_nP_k = \frac{n!}{(n-k)!}$$

！は階乗（nから1までのすべての整数をかけた値）

例 5人から3人を選んで1列に並べるには…

$${}_5P_3 = \frac{5!}{(5-3)!} = \frac{5\times4\times3\times2\times1}{2\times1} = 60\text{通り}$$

組み合わせの公式 n個の中からk個を順番をつけずに選ぶ配列。

$${}_nC_k = \frac{n!}{k!(n-k)!}$$

例 5人から3人を選んでチームをつくるには…

$${}_5C_3 = \frac{5!}{3!(5-3)!} = \frac{5\times4\times3\times2\times1}{3\times2\times1\times2\times1} = 10\text{通り}$$

ロイヤル・ストレート・フラッシュの出る確率〔図2〕

ロイヤル・ストレート・フラッシュの役

4通り

52枚から5枚を選ぶ組み合わせ数

$${}_{52}C_5 = \frac{52!}{5!(52-5)!}$$

役が出る確率

$$4 \div \frac{52!}{5!\,47!} = \frac{4\times5\times4\times3\times2\times1}{52\times51\times50\times49\times48} = \frac{1}{649740}$$

59 ［数］ 数字タイプの宝くじ。当たる確率は？

数字を選ぶタイプは「**組み合わせ**」で、選んで並べるタイプは「**場合の数**」で計算！

宝くじを買うとき、どのくらいの確率で当たるのか気になりますよね？　ロト6などの**好きな数字を選ぶタイプの宝くじでは、当選確率を計算することができます**。

ロト6は、1～43までの43個の数字の中から6個の数字を選ぶものです。この当選確率を計算するためには、**「組み合わせ」**（➡P156）を使います。組み合わせの公式**「$nCk = \frac{n!}{k!(n-k)!}$」**により、組み合わせパターンは、${}_{43}C_{6}$＝609万6454通りあることがわかります。つまり、ロト6の**当選確率は、約600万分の1**という数値になるのです〔図1〕。

また、0～9までの10個の数字から数字を3個（または4個）選んで順番に並べる「ナンバーズ」の「ストレート」のような宝くじの当選確率も考えてみましょう。

この種類の宝くじでは、「115」「222」など、選んだ数字が重複する場合があるため、**「場合の数（ある事の起こり方の総数）」**を使って計算します。場合の数は、例えばサイコロを3回振ったときの目の出方の総数ならば、6×6×6＝216通りと計算します。ナンバーズの3桁の数字の「場合の数」は、10×10×10＝1000通りなので、**当選確率は1000分の1**になります〔図2〕。

宝くじの当選確率の計算

▶ 好きな数字を選ぶパターンの確率計算〔図1〕

ロト6 1～43までの数字の中から6個の数字を選ぶと宝くじでの組み合わせパターン。

$$ {}_{43}C_6 = \frac{43\times42\times41\times40\times39\times38}{6\times5\times4\times3\times2\times1} = 609万6454通り $$

➡ 約600万分の1

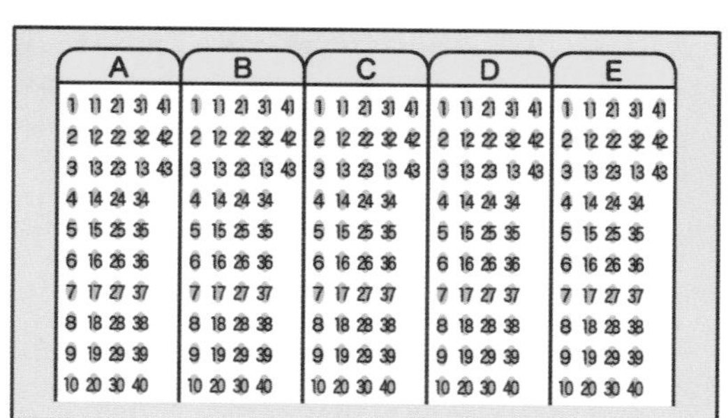

A	B	C	D	E
1 11 21 31 41	1 11 21 31 41	1 11 21 31 41	1 11 21 31 41	1 11 21 31 41
2 12 22 32 42	2 12 22 32 42	2 12 22 32 42	2 12 22 32 42	2 12 22 32 42
3 13 23 13 43	3 13 23 13 43	3 13 23 13 43	3 13 23 13 43	3 13 23 13 43
4 14 24 34	4 14 24 34	4 14 24 34	4 14 24 34	4 14 24 34
5 15 25 35	5 15 25 35	5 15 25 35	5 15 25 35	5 15 25 35
6 16 26 36	6 16 26 36	6 16 26 36	6 16 26 36	6 16 26 36
7 17 27 37	7 17 27 37	7 17 27 37	7 17 27 37	7 17 27 37
8 18 28 38	8 18 28 38	8 18 28 38	8 18 28 38	8 18 28 38
9 19 29 39	9 19 29 39	9 19 29 39	9 19 29 39	9 19 29 39
10 20 30 40	10 20 30 40	10 20 30 40	10 20 30 40	10 20 30 40

▶ 数字を選んで並べるパターンの確率計算〔図2〕

3桁目	2桁目	1桁目
0	0	0
1	1	1
2	2	2
3	3	3
4	4	4
5	5	5
6	6	6
7	7	7
8	8	8
9	9	9

3桁目が0で、
2桁目が0のとき、
並び方は10通りある。
2桁目も10通りあり、
3桁目も10通りあるので、
全部で

10×10×10＝1000通り

あることがわかる。

60 ［数］ サイコロの目の平均？「大数の法則」とは？

なるほど！ **サイコロを振る回数**を増やせば、**平均値が3.5に近づく**という法則！

サイコロを振ったとき、**それぞれの目が出る確率は$\frac{1}{6}$**のはずです。では、サイコロの目の数は平均していくつになるでしょうか？

平均値を計算すると、$\frac{(1+2+3+4+5+6)}{6}=3.5$となります。しかし、実際にサイコロを10回振ってみると、合計値は38、平均値は3.8になったりします。これは、それぞれの目が出る確率が$\frac{1}{6}$でないことを示しています。何が原因でしょうか？

上の例でサイコロの目の平均値が3.5にならなかったのは、サイコロを振る回数が少なかったためです。振る回数を、100回、1000回、1万回と増やしていけば、**平均値（期待値）は3.5に近づいていきます**。ほかにも、コイントスでも延々とくり返せば、表と裏が出る確率はそれぞれ$\frac{1}{2}$に近づきます。これを「大数の法則」といい、16世紀の数学者**ヤコブ・ベルヌーイが定式化**しました。大数の法則は、確率論や統計学の基本定理のひとつで、例えば自動車の事故発生率を調べる場合、ドライバーという**「母集団」**から、無作為に数人のドライバーを**「標本」**として抽出します。そうして事故発生率の調査を何度もくり返せば、ドライバー全体の事故発生率を予測できます〔右図〕。このように、大数の法則は**保険などの金融商品の設計**に深く関わっている考え方なのです。

保険にも利用される「大数の法則」

自動車の事故発生率を、簡略化したモデルで見てみよう。

母集団（ドライバー全体）

★は事故経験者

標本

A、B、C、D、Eの
5人を抽出した結果、
2名が事故経験者

標本平均 $\frac{2}{5}$

標本

D、E、F、Gの
4人を抽出した結果、
2名が事故経験者

標本平均 $\frac{2}{4}$

標本

L、M、N、Oの
4人を抽出した結果、
1名が事故経験者

標本平均 $\frac{1}{4}$

母集団から標本を何個も取り出し、標本平均の算出をくり返すと、**母集団の平均**（母平均）を予測することができる！

誰が事故を起こすか予測はできないが、**事故の発生率**を予測でき、**保険料を算出**することが可能になる！

Q 23人のチームに同じ誕生日の人がいる確率は何%？

約10% or 約30% or 約50% or ゼロ

新年度に、ある会社で新しいチームが組織されることになりました。チームの人数は23人。自己紹介のとき、それぞれ自分の誕生日を発表することになりました。ところで、このチームの中で、同じ誕生日の人がいる確率は、何%になるでしょうか？

「誕生日が同じ人が少なくとも２人いる」確率は、**「同じ誕生日の人が必ずいる」確率である「１（100%）」から、「同じ誕生日の人が１人もいない」確率を引く**ことで求められます。

１年を365日（うるう年は考えない）とすると、誕生日は全部で365通りあります。AとB の２人で考えると、Bの誕生日がA

の誕生日とちがうパターンは364通りです。このことから、AとBの誕生日がちがう確率は、$\frac{364}{365}$（約99.7%）となります。次に3人目のCが加わった場合を考えてみましょう。Cの誕生日がA、Bとちがうパターンは、365日から2人の誕生日を引くので、363通りになります。その確率を計算すると、$\frac{363}{365}$（約99.5%）となります。A、B、Cの3人とも誕生日がちがう確率は、$\frac{364}{365} \times \frac{363}{365}$（約99.2%）となります。このように、誕生日がちがう確率は$\frac{364}{365} \times \frac{363}{365} \times \frac{362}{365}$…と、分子を**1ずつ減らした数を365で割った数を、人数分かけあわせる**ことで計算できるのです。

では、23人の場合を考えてみましょう。**23人目が残りの22人と誕生日がちがう確率は、(365－22)÷365**となります。

23人の場合の計算式

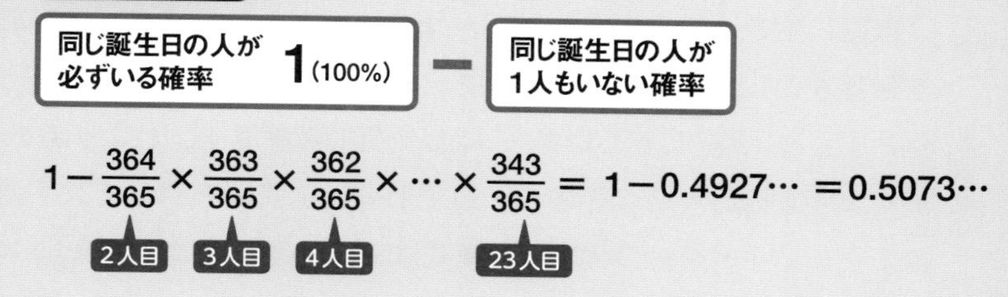

このことから、23人のチームに同じ誕生日の人が1人もいない確率は、0.4927…となります。**それを「1」から引けば、「同じ誕生日の人がいる」確率が出ます**。つまり0.5073…＝約50%が正解です。ちなみに、チームの人数が35人のときは約81%、40人では約89%になります。意外に高い確率ですよね。

61 ［数］ 猿が『ハムレット』を書く？「無限の猿定理」とは？

なるほど！ **無限に生きる猿**がいるとすると、理論上は**猿でも『ハムレット』を書ける**という理論！

もし、**無限に生きることができる猿**が、パソコンのキーボードをでたらめに打ち続けたら、シェイクスピアの作品の文章を書くことができるでしょうか？　**答えは「可能」**です。これを**「無限の猿定理」**といいます。

これはいわゆる**「思考実験」**のひとつで、**「長い時間をかけて、１文字ずつランダムに打ち出すとしたら、どのような文字列でもつくり上げることができる」**というものです。

無限に生きる猿がいたとして、**「hamlet」**という６文字の完成を目指すとします。パソコンのキーボードのキーの数を仮に100個とすると、最初に正しいキー「h」を打つ確率は$\frac{1}{100}$となります。続く文字を正しく打つ確率もそれぞれ$\frac{1}{100}$であるため、６文字連続で正しいキーを打つ確率の計算式は$\frac{1}{100} \times \frac{1}{100} \times \frac{1}{100} \times \frac{1}{100} \times \frac{1}{100} \times \frac{1}{100}$となり、答えは１兆分の１となります。つまり、**猿がランダムに１兆回キーを打てば「hamlet」という文字列が現れる**のです〔右図〕。

これは、無限に近い時間をかければ、猿が『ハムレット』の文章を書き上げることは可能であることを示しています。**無限の時間や数を想定すれば、どのような低い確率のことでも起こりうる**のです。

無限に関する確率論

猿がパソコンで「hamlet」と打ち出せる確率

例 キーボードのキーが100個の場合

「hamlet」の6文字を打てる確率

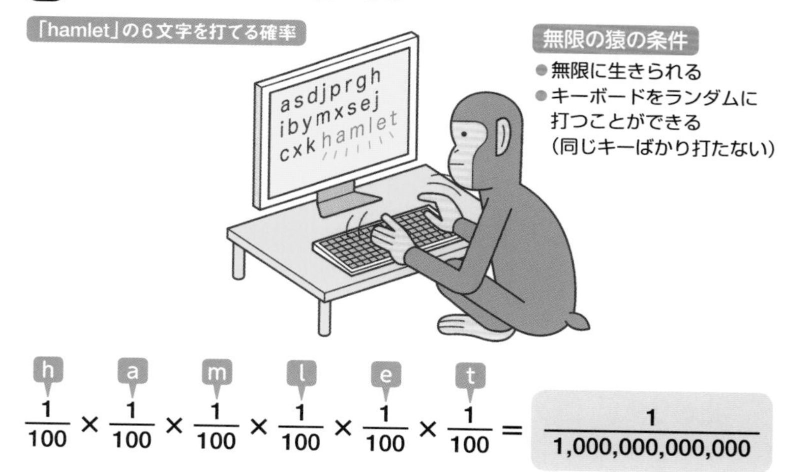

h a m l e t

$$\frac{1}{100} \times \frac{1}{100} \times \frac{1}{100} \times \frac{1}{100} \times \frac{1}{100} \times \frac{1}{100} = \frac{1}{1{,}000{,}000{,}000{,}000}$$

100文字を正しく打つための年数 1秒間に10万字を打てる猿だとしても…

『ハムレット』全文を正しく打ち出す可能性は数学理論上、不可能ではないが、実際には永遠に近い時間がかかる！

ドレミファソラシドは数学でつくられた？

なるほど！ 音階を決める**弦の長さ**には数学的ルールが。音の**デジタル化**にも数学が応用されている！

音楽と数学には、実は密接な関係があります。古代ギリシアの数学者**ピタゴラス**は、「ドレミファソラシド」の音階に数学的ルールがあることを発見しました。ギターなどの弦を鳴らすとき、弦の長さを$\frac{2}{3}$にすると、音が５度高くなり、弦の長さを半分にすると１オクターブ高い音になるというものです。つまり「ド」の音を出す弦の長さを$\frac{2}{3}$にすると「ソ」の音になり、$\frac{1}{2}$にすると高い「ド」になります。このルールは**「ピタゴラス音律」**と呼ばれています。

そもそも音とは、**空気中などに伝わる振動（音波）**のことで、**１秒間の振動数を「周波数」といい、Hz（ヘルツ）という単位で示します**。周波数が大きいほど高い音になり、小さいほど低い音になります〔図1〕。現在の音階は、**440 Hzの「ラ」の音を基準音**にすることが国際的に決められています。

また、私たちがふだん耳で聞いている音は、さまざまな音（周波数）が混じりあった**「複合音」**ですが、CDやスマホなどで聞く音は、複合音を基本的な波形である**「純音（正弦波）」に分解して、デジタル信号に変換したもの**です。周波数を純音に分解するとき、18世紀末のフランスの数学者**フーリエ**が提唱した**「フーリエ変換」**が使われています〔図2〕。

音楽にひそむ数学のルール

ピタゴラス音律と周波数〔図1〕

弦の長さと音階の関係　弦の長さと音階に数学的ルールがある。

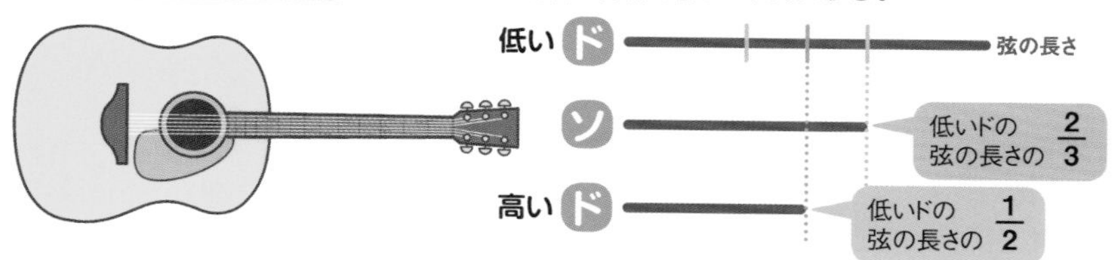

周波数　振幅が大きいほど音は大きくなり、波長が短いほど音は高くなる。

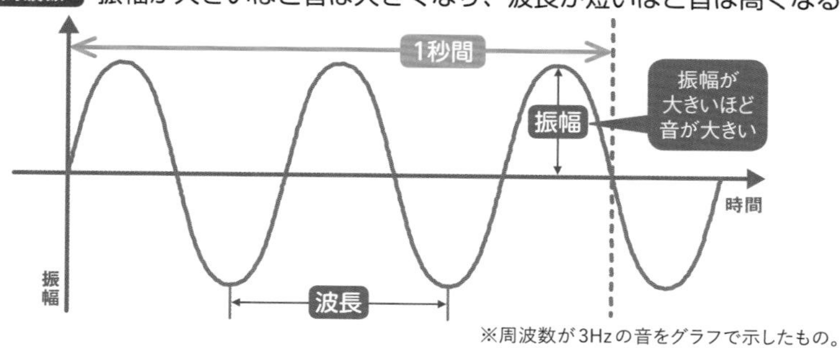

※周波数が3Hzの音をグラフで示したもの。

フーリエ変換による音の分解〔図2〕

フーリエ変換（周波関数であれば三角関数の重ね合わせによって表せる）によって、複合音を純音の組み合わせで表せる。

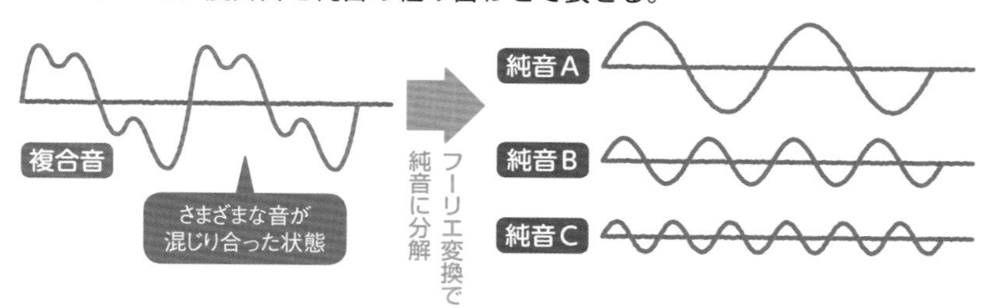

誰かに
出したい！

数学クイズ〈7〉

ウイルス感染は確実？「陽性検査のパラドックス」

深刻な病気を引き起こすウイルスの検査を受けて「陽性」と判定されたら、感染は確実だと思いますか？

１万人に１人の割合（0.01％）で人間に感染しているウイルスがあります。Aさんは、このウイルスに感染しているかどうか検査を受けたところ、「陽性」と判定されました。検査の精度は99％です。Aさんが実際に感染している確率は何％でしょう？

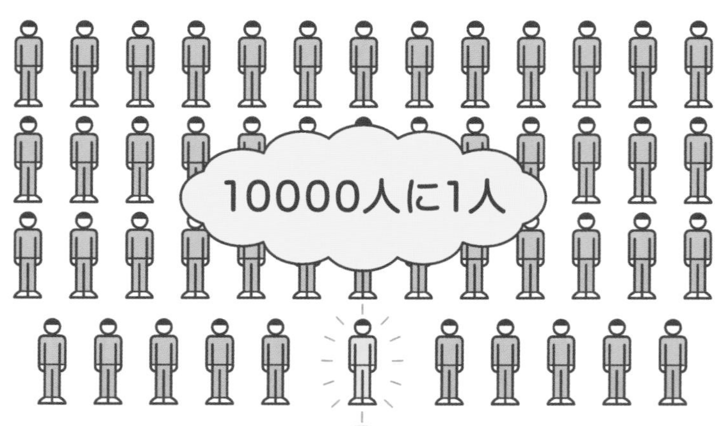

答え と 解説

検査の精度は99%。「陽性」と判定されたのだから、99%の確率で感染していると考えますよね？　しかし「1万人に1人がウイルスに感染している」という、最初の条件を思い出してください。100万人いれば、100人がウイルスに感染していることになり、**感染していない人は99万9900人**いることになります。

感染者100人を検査

正しく「陽性」と判定される人数 ➡ **99人**

まちがって「陰性」と判定される人数 ➡ **1人**

非感染者99万9900人を検査

正しく「陰性」と判定される人数 ➡ **98万9901人**

まちがって「陽性」と判定される人数 ➡ **9999人**

陽性と判定された人の総数

➡ **99人＋9999人＝10098人**

このうち、実際の感染者は99人です。よって「陽性」と判定された人のうち、**Aさんが実際に感染している確率は99÷10098＝0.00980…つまり「約1％」**となります。「1万人に1人が感染する」などの感染率の低いウイルスの検査では、「陽性」と判定されても、実際に感染していない可能性の方が高いのです。

法則や単位にその名を残す「生まれながらの数学者」

カール・フリードリヒ・ガウス

（1777 - 1855）

ドイツのレンガ職人の子として生まれたガウスは、言葉よりも数をかぞえることを先に覚え、３歳のとき、父の帳簿の計算ミスを指摘したといいます。小学校の授業で、「１から100までの数の合計を計算しなさい」という問題が出されたときには、「1 + 100 = 101、2 + 99 = 101、…50 + 51 = 101と、合計が101になる数のセットが50あるので、答えは101 × 50 = 5050です」と、瞬時に解答したそうです。

15歳のときには、素数の出現するおおよそのパターンを示す「素数定理」を予想。この予想は約100年後に証明されました。19歳のとき、正十七角形の作図方法を発見し、数学者になることを決意したそうです（➡P150）。30歳からゲッティンゲン大学の天文台長と数学教授になり、代数学の基本定理の証明や整数論の体系化、最小二乗法の発見など、傑出した業績を数多く残しました。

数学以外でも、天文学では小惑星セレスの軌道を算出し、物理学では電磁気の性質を解明。まさに「人類史上最高の数学者」でしょう。数学や物理学では、「ガウス整数」「ガウス積分」「ガウスの法則」、磁束密度の単位「ガウス」など、ガウスの名にちなむ法則や単位が数多く存在しています。ガウスの遺稿からも、時代に先駆けた研究成果が数多く発見されたそうです。

4章

明日話したくなる
数学の話

微分、積分、フェルマーの最終定理や、オイラーの公式……。
聞いたことはあるけど、さっぱりな数学のあれこれ。
本文の要点や、イラストや図解でも確認してみて、
数学の魅力の一端に触れてみましょう。

63 ［数］ 統計は信用できない？「シンプソンのパラドックス」

統計結果は「**全体で見るか**」「**部分で見るか**」で、**まったくちがう解釈**が成立することがある！

あることを調査して、数値としてデータ化したものを「統計」といいます。統計結果は、厳密で正しいものに思えますが、実は統計結果は**「全体で見るか」「部分で見るか」によって、まったくちがう解釈が成立する**ことがあり、これを利用すれば、他人をだますこともできるのです。これが、イギリスの統計学者**シンプソン**が提示した**「シンプソンのパラドックス」**です。

例えば、A高校とB高校には、それぞれ生徒が100人いて、同じテストを受けた結果、A高校の男子（80人）の平均点は60点、女子（20人）は80点で、B高校の男子（50人）の平均点は55点、女子（50人）は75点になりました。**男子も女子もA高校の方が高い**ので、A高校が優秀に見えますよね？　しかし全体の平均点で比べると、B高校の方が1点高くなるのです〔右図〕。しかし、「全体の平均点」という統計結果に触れなければ、A高校は、「我が校はB高校より優秀だ」ということも可能なのです。

テストの成績以外でも、例えば医療現場における**治療成績**や、工場における**欠陥品の発生率**などの統計結果は、自分に都合よく利用することができます。統計の**「結果」**と**「解釈」**は、厳密に区別する必要があるのです。

「部分」と「全体」でちがう統計結果

▶シンプソンのパラドックスとは?

Ａ高校とＢ高校のそれぞれ１００人の生徒が、同じテストを受けたとする。

Ａ高校

男子 80人 男子の平均点60点

女子 20人 女子の平均点80点

全体の平均点は?

男子 80人×60点＝4800点
女子 20人×80点＝1600点

全体の総得点は
4800点＋1600点＝6400点

全体の平均点は
6400点÷100＝**64**点

Ｂ高校

男子 50人 男子の平均点55点

女子 50人 女子の平均点75点

全体の平均点は?

男子 50人×55点＝2750点
女子 50人×75点＝3750点

全体の総得点は
2750点＋3750点＝6500点

全体の平均点は
6500点÷100＝**65**点

全体の平均点はＢ高校の方が１点高い!

64 ［図形］ 部分が全体と同じ形？「フラクタル図形」とは？

なるほど！ フラクタル図形とは「**自己相似性**(じこそうじせい)」をもつ図形。どんなに**大きくしていっても、複雑な形**になる！

雪の結晶は、六角形の美しい形をしています。雪の結晶をはじめ、入道雲や複雑に枝分かれした樹木、リアス海岸線、人間の血管、稲妻の閃光…などの**「部分」を拡大してよく見ると、「全体」と同じ形がくり返し現れる構造**になっているのです。この性質を**「自己相似性」**と呼び、この性質をもつ図形のことを**「フラクタル図形」**といいます。自然界にはフラクタル図形が数多く存在し、**「どんなに大きくしても複雑な形をしている」**ことが特徴です。

代表的なフラクタル図形に、**「コッホ雪片(せっぺん)」**があります。20世紀初頭に、スウェーデンの数学者**コッホ**が考案した図形で、正三角形の辺の長さを３等分にして、分割した２点を頂点とする正三角形を新たに描く…という作図を無限にくり返すことによってつくることができる図形です〔図1〕。このコッホ雪片の周長（図形を囲む線の長さ）は**無限に伸びていき**ますが、その面積は必ず、最初に描いた正三角形の**1.6倍**になるのです。

ポーランドの数学者**シェルピンスキー**が考案した**「シェルピンスキーの三角形」**も、フラクタル図形として有名です。正三角形から、各辺の中点を結んでできる正三角形を切り取ることを無限にくり返すことによって、つくることができる図形です〔図2〕。

代表的なフラクタル図形

▶コッホ雪片〔図1〕

正三角形の3辺を3等分し、分割した2点を頂点とする正三角形を描く作図をくり返す。

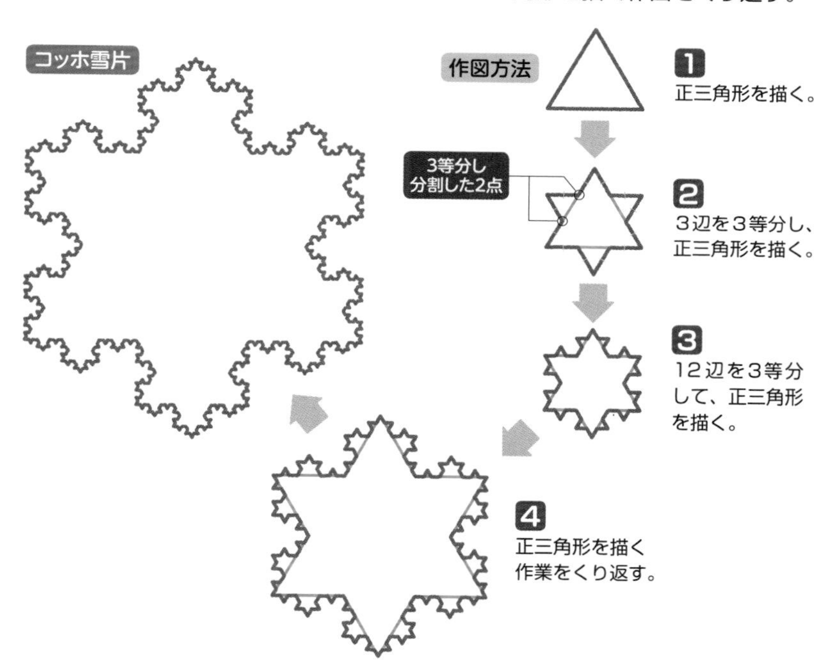

▶シェルピンスキーの三角形〔図2〕

正三角形から、各辺の中点を結んでできる正三角形を無限に切り抜く。

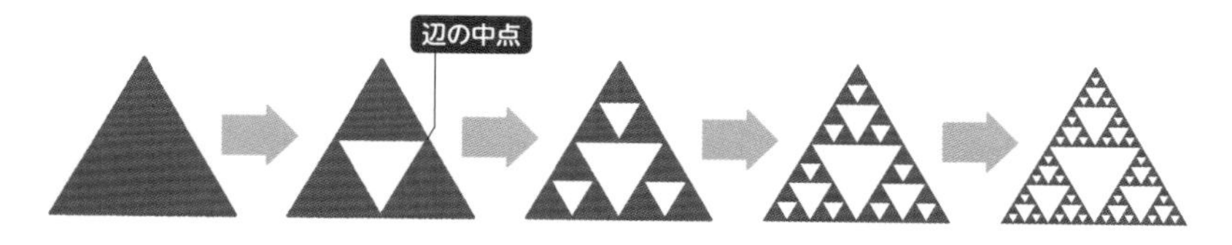

65 ［知識］ 「ゲーム理論」って何のための理論？

「どう動けば一番得か」を理論化したもの。「ナッシュ均衡(きんこう)」「囚人のジレンマ」などがある！

　ゲームで相手に勝つためには、**駆け引き**が必要です。個人間や企業間、国家間などで**利害対立**が起きるとき、ゲームのように**「どう動けば一番得をするか」**という駆け引きを数学的に分析し、理論化したものを**「ゲーム理論」**といいます。

　ゲーム理論の代表例は、アメリカの数学者**ジョン・ナッシュ**が発表した**「ナッシュ均衡」**。かんたんにいえば**「参加者全員が、自分だけが戦略を変えると損をする均衡状態になること」**です。例えば、A店、B店、C店が値下げ競争をした結果、どの店も限界まで値下げした後、自分の店だけが値上げすると、自分の店だけが損をします。このため、どの店も値上げに踏み切れなくなるのです〔図1〕。

　ほか、有名なゲーム理論に**「囚人のジレンマ」**があります。２人の容疑者が別々の部屋で尋問を受けるとき、「自白した人は無罪、黙秘した人は懲役１０年」「２人とも黙秘したら２人とも懲役２年」「２人とも自白したら２人とも懲役５年」というルールがあったとしたら、２人とも得をする**最適の状態（パレート最適）**は「２人とも黙秘する」です。しかし自分が黙秘した場合、相手は自白した方が得になり、自分が自白した場合、相手は自白した方が得になるため、**２人とも自白を選択し、パレート最適を逃してしまうのです**〔図2〕。

ゲーム理論の代表的な例

ナッシュ均衡〔図1〕

A店、B店、C店は、値下げ戦略によって利益を上げているとする。

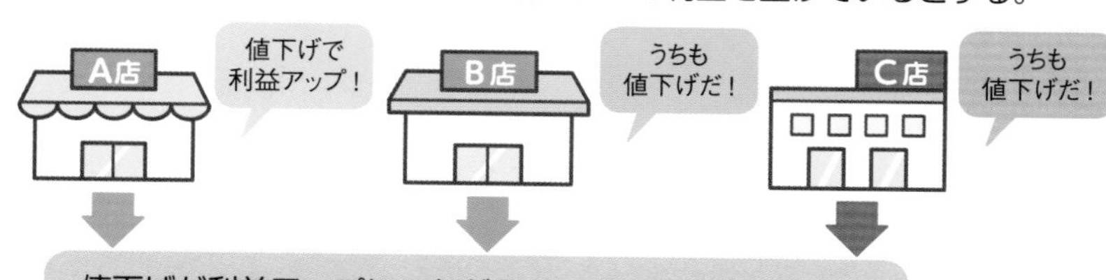

値下げが利益アップにつながると、A店、B店、C店は値下げ競争をはじめるが、値下げが限界を迎える。

3店とも値上げに踏み切れない状態 ➡ ナッシュ均衡

囚人のジレンマ〔図2〕

僕が黙秘しても自白しても、Bは自白した方が得…

リスクを避けるには自白するしかない…

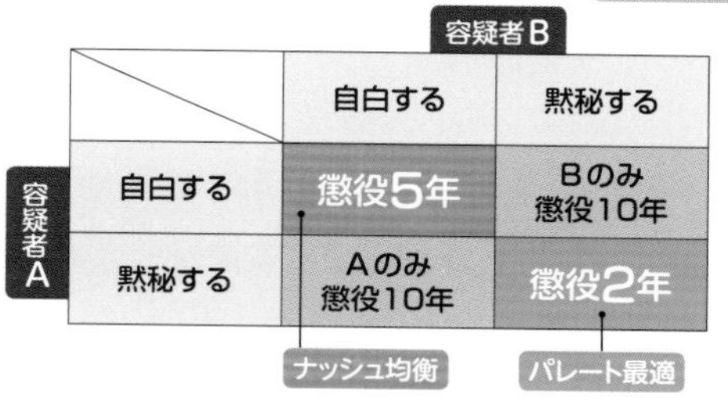

容疑者A ＼ 容疑者B	自白する	黙秘する
自白する	懲役5年	Bのみ懲役10年
黙秘する	Aのみ懲役10年	懲役2年

合理的に考えると、A、Bともに自白する方が得になるため、自白するしか選択肢のない「ナッシュ均衡」の状態となる。

これなら当たる!?
選んで数学
⑤

Q 口論する3人の女神のうち最も美しいのは誰？

アテナ or アフロディテ or ヘラ

アテナは「最も美しいのはアフロディテではない！」、アフロディテは「最も美しいのはヘラではない！」、ヘラは「私が最も美しい！」というとき、誰が最も美しいでしょうか？　最も美しい女神は1人で、最も美しい女神だけが真実を述べています。

この問題では、数学において「仮定」を立てて検証していくことの重要性を実感することができます。**数学的問題を解くためには、漠然と考えるのではなく、仮定を立てて検証を進め、論理的に考えていくことが重要**です。この問題では、「最も美しい女神だけが真実を述べている」ことが条件になっているので、それぞれの女神ご

とに最も美しいと仮定して考えてみましょう。

アテナが最も美しいと仮定すると、アテナとアフロディテの２人が真実を述べていることになり、問題の条件に反します。

では次に、**アフロディテが最も美しいと仮定**してみましょう。すると、アフロディテだけが真実を述べていることがわかります。

念のため、**ヘラが最も美しいと仮定**すると、アテナとヘラが真実を述べていることになってしまいます。

３人の女神をそれぞれ「最も美しい」と仮定する

アテナが最も美しい場合

アテナ「最も美しいのはアフロディテではない」➡ **真実**
アフロディテ「最も美しいのはヘラではない」➡ **真実**
ヘラ「私が最も美しい」➡ **嘘**

アフロディテが最も美しい場合

アテナ「最も美しいのはアフロディテではない」➡ **嘘**
アフロディテ「最も美しいのはヘラではない」➡ **真実**
ヘラ「私が最も美しい」➡ **嘘**

ヘラが最も美しい場合

アテナ「最も美しいのはアフロディテではない」➡ **真実**
アフロディテ「最も美しいのはヘラではない」➡ **嘘**
ヘラ「私が最も美しい」➡ **真実**

３人それぞれ「最も美しい女神」だと仮定して検証した結果、問題の条件に合うのはアフロディテだけだとわかります。このように、**仮定を立てて矛盾点を洗い出すことで正解を出せる**のです。

66 ［図形］ 数学的に「4次元」って何を意味するもの？

なるほど！ 数学的には、**４つの座標軸**で考えること。
次元が高くなるほど、**数学的自由度**が高まる！

２次元、３次元、４次元などといった表現がありますが、数学的にどういったものを指す言葉なのでしょうか？

２次元はタテ、ヨコの**「平面」**、３次元は平面に奥行きを加えた**「空間」**、つまり私たちの世界です。物理学の相対性理論では、４次元を「空間＋時間」と考える「時空」という概念がありますが、数学では４次元を物理的に「空間＋時間」と考えるだけでなく、もっと柔軟に考えます。３次元空間に、もう１つの座標軸が加わったものを４次元と考えるのです。つまり、**x軸（ヨコ）、y軸（タテ）、z軸（奥行き）の座標に、w軸が加わる**のです。４次元を視覚的に認識することはできませんが、**「４次元立方体」**でイメージすることはできます。立方体の面は正方形（２次元）ですが、**４次元立方体の面は立方体（３次元）**になっています〔図1〕。

実は、数学や物理の世界では、４次元以上の**「高次元」**で計算することは、基本的なことです。高次元であるほど、数学的な「しばり」がなくなって**自由度が高まり**、問題を解決しやすくなります。例えば、平面上では複雑にからみ合った線でも、空間に置き換えると、からみ合わない線にすることができます〔図2〕。このため、**数学的難問を高次元から証明する**、といった手法も取られるのです。

数学における「次元」の考え方

4次元立方体のイメージ〔図1〕

x軸、y軸、z軸に、w軸を加えた4次元座標で表した「4次元立方体」を、3次元に投影したイメージ。数えると32辺あるとわかる。

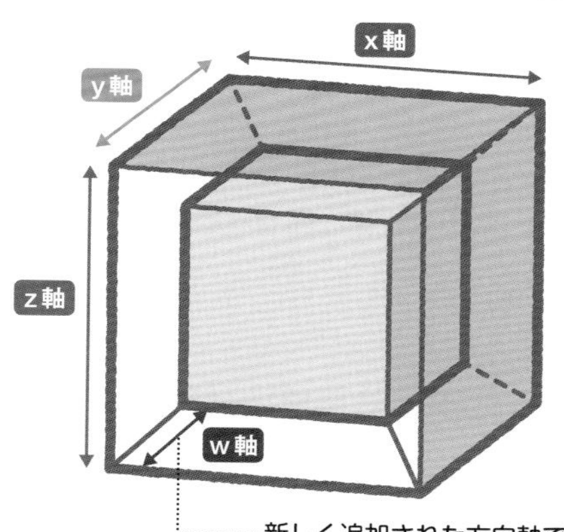

4次元立方体

➡32辺すべての長さが等しい。

➡辺と辺が交わる角度がすべて直角。

※立体の影は平面になるように、投影すると次元が1つ減る。

新しく追加された方向軸で、x軸・y軸・z軸に対してそれぞれ垂直。

数学における次元のちがい〔図2〕

2次元と3次元とでは、数学的な自由度がちがってくる。

2次元だと複雑にからみ合った線にしか見えなくても…

3次元で表現すれば、からみ合わない線にできる。

地図上の面積がすぐにわかる?「ピックの定理」

なるほど!
マス目を描いた透明な板を使い、
点を数えるだけで面積が求められる公式!

多角形の面積を求めようとすると、その図形を三角形や四角形に分割してそれぞれの面積を計算すれば、全体の面積を求めることができます。しかし、**「ピックの定理」**という公式を使うと、もっとかんたんに、ざっくりとした面積が求められるのです。

ピックの公式は**「A（格子多角形の面積）= i（内部にある格子点の個数）+ $\frac{1}{2}$ b（辺上にある格子点の個数）− 1」**というシンプルなものです〔図1〕。これは、**多角形の頂点をすべて格子点（等間隔に配置されている点）の上に置け**ば、どんなに複雑な形の多角形であっても、単純な計算で面積を求められるというものです。

ピックの定理を使えば、地図の縮尺率に合ったマス目をえがいた透明板を地図の上に置くことで、国や湖などのだいたいの面積を見積もることができます〔図2〕。ただし、ピックの定理は内部に穴のある多角形の場合は成立しません。また、多面体のような立体図形に応用できる定理は、今のところ発見されていません。

ピックの定理は、19世紀末、オーストリアの数学者**ピック**が発見しました。ピックは友人の**アインシュタイン**にアドバイスをして、**一般相対性理論**にも影響を与えたといわれますが、ユダヤ人だったためナチスによる迫害を受け、強制収容所で亡くなりました。

多角形の面積を求めるシンプル公式

ピックの定理〔図1〕

下図のような格子多角形ならば、ピックの定理で面積を計算できる。

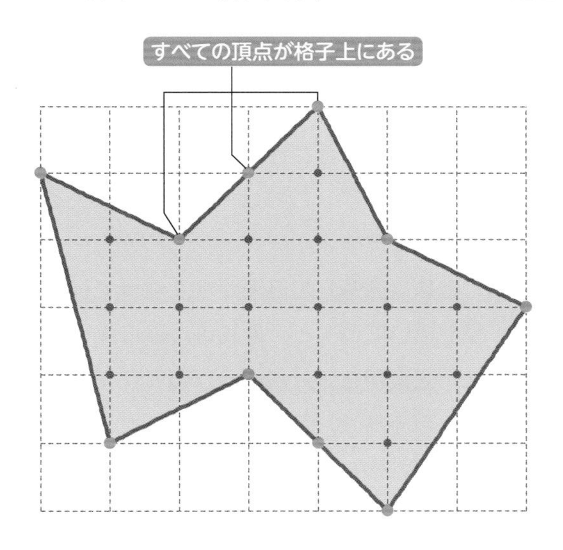

i（内部にある格子点の個数）

紫の点➡16個

b（辺上にある格子点の個数）

橙の点➡10個

ピックの定理

$$A = i + \frac{1}{2}b - 1$$

A：面積

ピックの定理により、
この図形の面積は

$$A = 16 + \frac{1}{2} \times 10 - 1 = 20$$

と求められる。

ピックの定理の応用〔図2〕

マス目を描いた透明板を地図の上に置けば、おおよその面積をかんたんに計算できる。

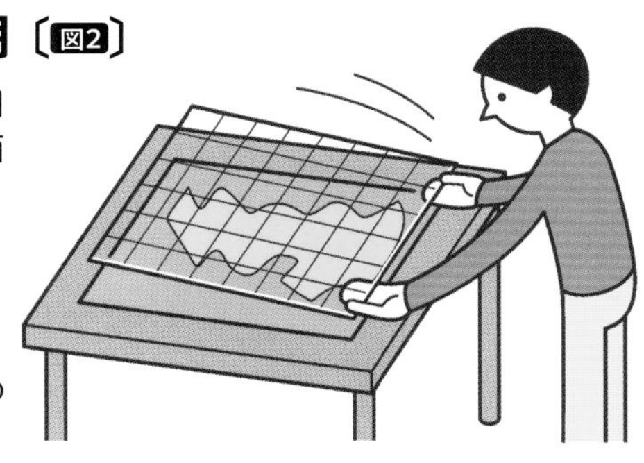

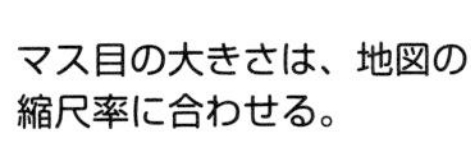
マス目の大きさは、地図の縮尺率に合わせる。

68 ［図形］ 裏表のない不思議な輪「メビウスの帯」とは？

なるほど！ **表（外側）と裏（内側）の区別**のない輪！ 上下左右のない「**クラインの壺**」というものもある！

細長い帯を１回ねじって、両端を貼り合わせた帯のことを**「メビウスの帯（メビウスの輪）」**といいます。これは、19世紀のドイツの数学者**メビウス**が研究したものです。

最大の特徴は、**表（外側）と裏（内側）の区別がなくなってしまう**こと。帯の表の１点から線を描いていくと、最初の１点に戻ります。つまり、メビウスの帯は、**表裏がない「曲面」**なのです。同じく「曲面」をもつ球や円柱などであれば、「面」（表と裏）を２つ決めることができますが、メビウスの帯には、この「面」が１つしかないということなのです〔図1〕。別の言い方をすれば、メビウスの帯はペンキで表裏を塗り分けられないのです。

また、19世紀にドイツの数学者**クライン**が考案した**「クラインの壺」**というものもあります。これは、壺のような円管の一方の口を本体に差し込んで、もう一方の口と接続させた曲面です。この曲面のどこかに、矢印を置いて動かしていっても、矢印はあらゆる方向を向いてもとに戻ってきます。クラインの壺は、表裏がないだけでなく、**上下左右を定められない「球」の性質がある**のです〔図2〕。

メビウスの帯やクラインの壺は、図形を分類する**「トポロジー（位相幾何学（いそうきかがく））」**（➡P186）研究につながる重要な発見となりました。

トポロジーの研究につながる図形

メビウスの帯〔図1〕

細長い帯を１回ひねって、両端を貼り合わせたもの。

この位置から矢印をスタートさせると、矢印は帯を１周して反対側に戻る。もう１周すると最初の位置に戻る。

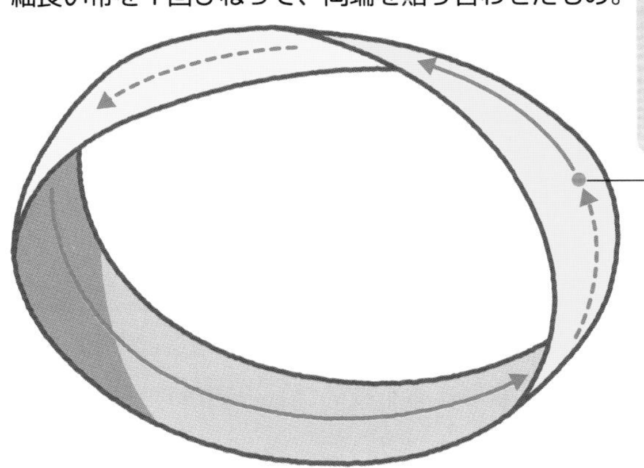

クラインの壺〔図2〕

円管の一方の口を管本体に差し込み、もう一方の口に接続したもの。

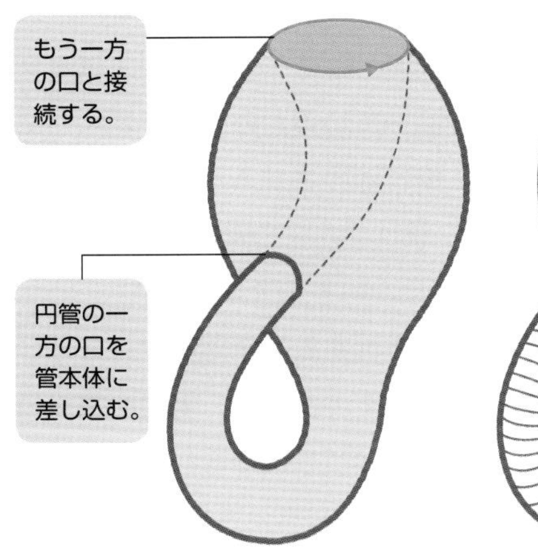

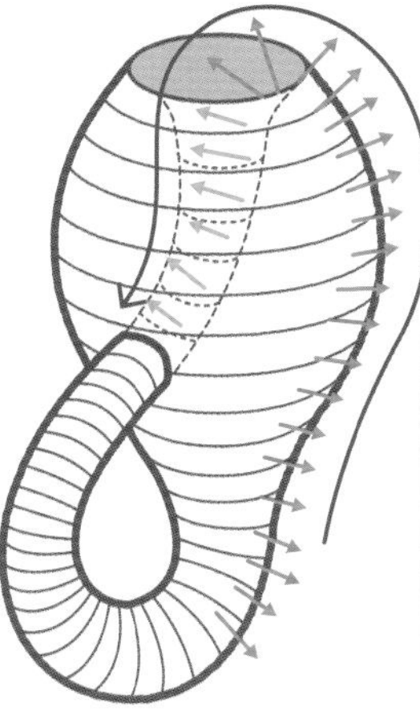

矢印を表面に置いて動かしていくと、外側と内側、上下左右の区別が定められない曲面であることがわかる。

69 ［図形］ カップとドーナツが同じ？「トポロジー」の考え方

トポロジーでは、**伸び縮みをさせて同じ形**になれば、**すべて同じ形**に分類する！

数学の学問のひとつに、**「トポロジー（位相幾何学）」**というものがあります。かんたんにいえば、図形を切ったり貼ったりせず、**伸び縮みさせて（連続的に変形させて）同じ形になれば、すべて同じ形（同相）に分類できる**という考え方です。どういうことでしょうか？

例えば、いろんな形に変形する１枚のゴムの膜があったとします。このゴムの膜で、円や三角形などの平面の図形をつくることができるので、これらは**トポロジーでは同じ形として分類**されます。また、この膜をへこませて円錐や半球面をつくることもできますね。これらも、円や三角形と同じ形として分類されるのです〔図1〕。

立体図形では、**「穴の数が分類の基準」**となります。例えばコーヒーカップとドーナツは**「穴が１つ開いている」という共通点**があり、コーヒーカップを粘土のように伸び縮みさせると、ドーナツの形になるので同じ分類に。しかし、取っ手が２つある鍋は、「穴が２つ」であるため、「ちがう形」に分類されるのです〔図2〕。

トポロジーの考え方は、**形の特徴を解析する画像認識**などをはじめ、さまざまな分野で応用される理論です。例えば、**電車の路線図**は、実際の駅間の距離や、線路のカーブなどが変形されて、短い線で表されていますが、ここにもトポロジー的な考え方が見られます。

トポロジーの基本の考え方

円形のゴム膜からつくれる図形〔図1〕

三角形も四角形も半球面も、同じ形に分類される。

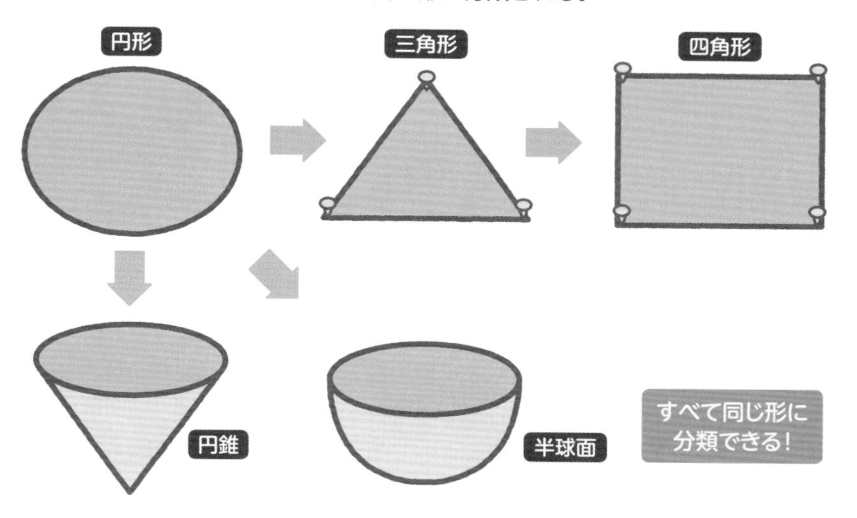

コーヒーカップとドーナツは「同じ形」〔図2〕

コーヒーカップを変形していけば、ドーナツ形になる。
取っ手の輪を残すように変形していくと…

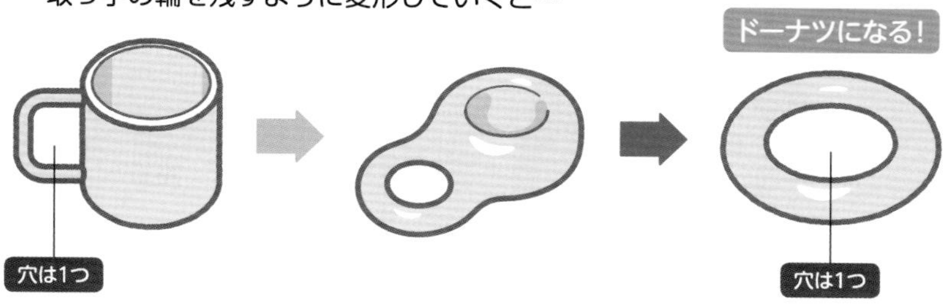

誰かに出したい！

数学クイズ〈8〉

解けると世界が終わる？ 数学パズル「ハノイの塔」

フランスの数学者が1883年に発売した数学パズル。「64枚の円板（えんばん）をすべて移し替えたとき、世界が崩壊する」とうたわれたゲームです。

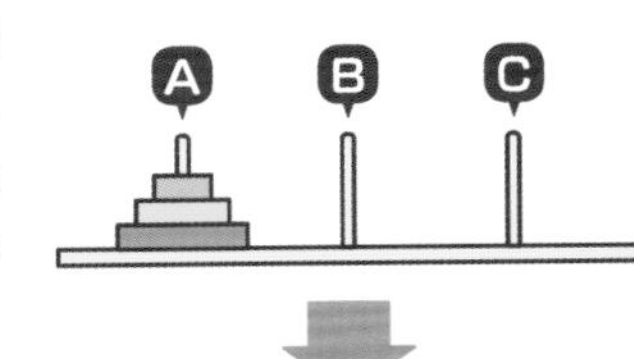

1 ABC3本の棒が立てられた台があり、左端の棒に大中小3枚の円板が刺してあります。円板は1回に1枚しか動かせず、小さな円板の上に大きな円板を置いてはならないとすると、ほかの棒に移すには、右の図のように7回動かすことが必要になります。

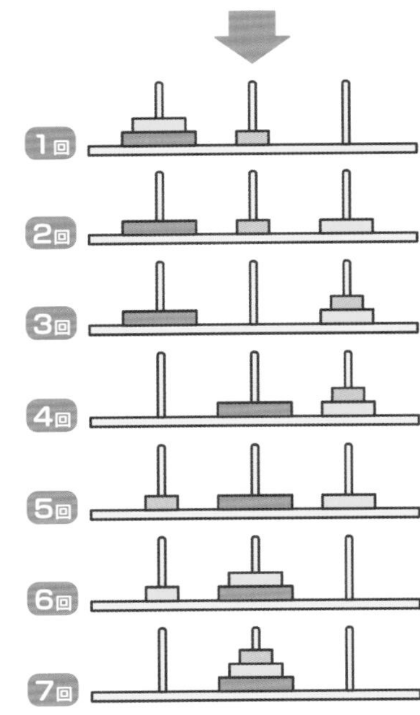

2 では、円板が64枚あるとき、何回動かせば、円盤をすべてほかの棒に移せるでしょうか？

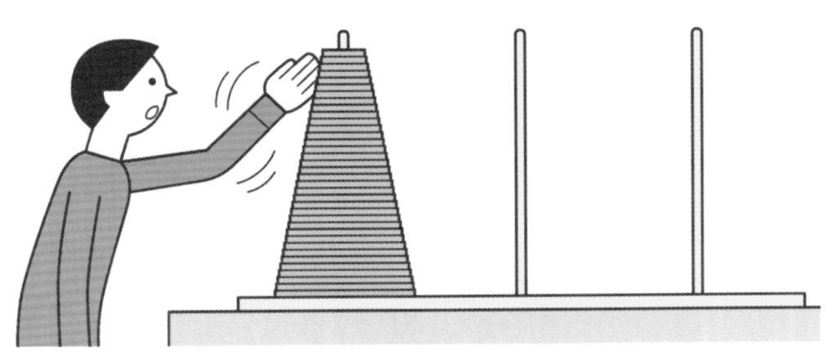

答え と 解説

まず、４枚で必要な手順を考えてみましょう。一番下の最大の円板をＣに動かすためには、その上に置かれた３枚をＢに移す必要があります。この手順は左ページで解説した通り**7回**です。次に最大の円板をＣに動かし、Ｂの３枚をＣに移します。これも**7回**です。つまり、**15回**が必要な手順数になります。同じように５枚の場合では、**31回**が必要な手順数になります。

4枚の場合の手順数

7回（3枚の手順数）＋**1**回（最大の円板をＣに移す）＋**7**回（3枚の手順数）＝**15**回

5枚の場合の手順数

15回（4枚の手順数）＋**1**回（最大の円板をＣに移す）＋**15**回（4枚の手順数）＝**31**回

このことからｎ－１枚を移動させる手順数を２倍して１をたせばｎ枚を動かすのに必要な手順数がわかり、以下の式にできます。

2^n-1（ｎ枚の円板の数だけ２をかけて、１を引く）

64枚の場合を考えみると、上の数式から、

⇒ $2^{64}-1$＝1844京6744兆737億955万1615回

が必要な手順であることがわかります。**１秒に１回ずつ動かしたとしても、5800億年以上かかります**。これは宇宙の年齢である約137億年より、はるかに大きな数なので、確かに世界は終わるといえるでしょう。

70 ［図形］ 宇宙の形がわかる？「ポアンカレ予想」とは？

なるほど！ どこにロープを置いても**1点に回収**できるなら**球**であるという予想。**宇宙の解明**につながる！

20世紀初頭、**トポロジー**を確立させたフランスの数学者**ポアンカレ**は、「単連結な3次元閉多様体（へいたようたい）は、3次元球面に同相（どうそう）である」という定理を提唱しました。これが**「ポアンカレ予想」**です。

上の難解な一文をざっくり説明すると、**「どこにロープを置いても、縮めて1点に回収できる図形は、だいたい球である」**ということです〔図1〕。単連結とは、球のように、どこにロープを置いても、引っ張ると表面をすべりながら1点に集まる図形のことを意味します。例えば、ドーナツ形の図形では、ロープは穴にひっかかったり、穴に落ちたりして回収できないので、単連結ではありません。

ポアンカレ予想によれば、例えば無限に伸びるロープをもった宇宙船が、ロープの端を地球に固定して出発し、宇宙空間を飛び回った後に地球に戻ってロープを回収できれば、宇宙の形はおおよそ球であることが証明できるのです。つまり、**ポアンカレ予想は宇宙の形を解明するための手がかりになるかもしれない**のです〔図2〕。

しかしポアンカレ予想の証明はきわめて難解で、ポアンカレ自身も証明できず、以後、約100年間、数々の天才数学者たちが挑戦しましたが失敗が続きました。しかし2003年、ついにロシアの数学者**ペレルマン**によって解決されました。

100年間、解決できなかった難問

単連結の図形〔図1〕

ロープをどこに置いても、縮めれば1点に集められる図形。

単連結

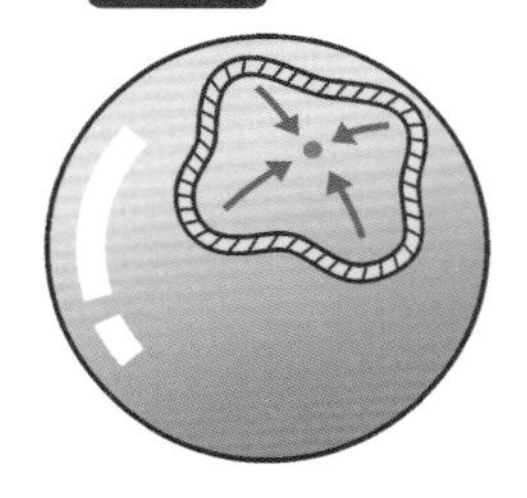

球の上に置いたロープを縮めていけば、1点に集められる。

単連結でない

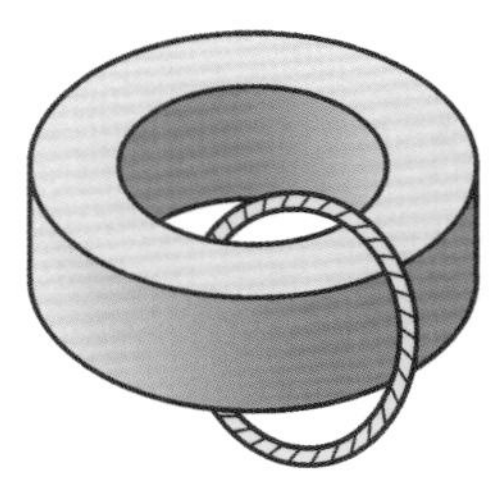

穴にロープがひっかかったり、穴に落ちたりするドーナツ形の図形は、単連結ではない。

ポアンカレ予想による宇宙の解明〔図2〕

1

無限に伸びるロープを地球に結んだ宇宙船が、宇宙のすみずみまで飛び回ったとする。

2 宇宙船が地球に戻った後、ロープを回収することができれば、宇宙はほぼ球形だと考えられる。

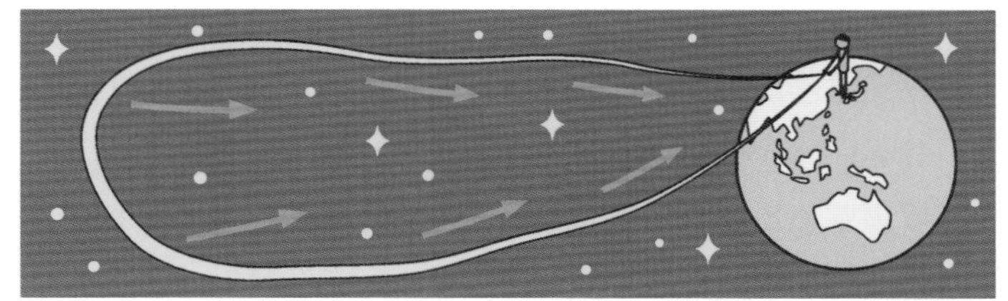

71 ［解析］ 数学における重要な定数「ネイピア数」とは？

なるほど！ **利子の計算**から誕生した数で、**1年を無限に分割**して預けると、元金は**約2.7倍に増える**！

円周率（3.14…）のような数字のことを**「定数」**といいますが、数学ではほかにもたくさんの定数があります。そのひとつ**「ネイピア数（2.7182…）」**は、お金の**利子の計算**から発見された定数です。

例えば、元金100万円を年利100％（1年後に2倍になる利率）の銀行に預けたと仮定します。1年後には200万円になり、半年後で考えると、150万円（元金の1.5倍）になります。もし、半年後に150万円を引き出して預け直すと、その半年後には150万円の1.5倍、つまり225万円になります。**1年後に引き出すより、2回に分けて（年ごと）に預けた方が得になる**のです。

3回に分けて預けたとしたら、1年後には約237万円に、4回に分けると約244万円になります。つまり1年を$\frac{1}{x}$に分割し、**x回の預金をくり返せば、xの値が大きいほど得になる**のです〔図1〕。では、**xを無限**にすれば、どのくらい得になるのでしょう？

スイスの数学者**ヤコブ・ベルヌーイ**は、元金を1、年利を1、分割回数をxとし、1年を無限に分割したときどれだけ得をするかを、$\lim_{x\to\infty}\left(1+\frac{1}{x}\right)^x$という数式で定義し、その値が**「2.7182…」に収束する**ことを計算しました〔図2〕。つまり、どれだけ分割して預けても、約2.7倍が限界なのです。この値が「ネイピア数」です。

利子計算によって誕生したネイピア数

分割するほど得になる金利のしくみ〔図1〕

元金100万円を、年利100%の銀行に預けたとする。

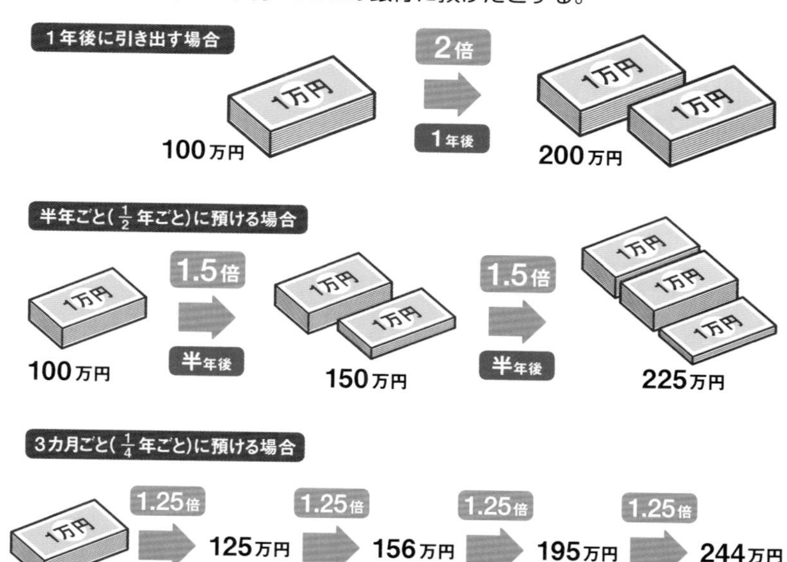

1年を無限に分割した場合の金利計算〔図2〕

元金を1、年利を1、分割回数をxとすると…

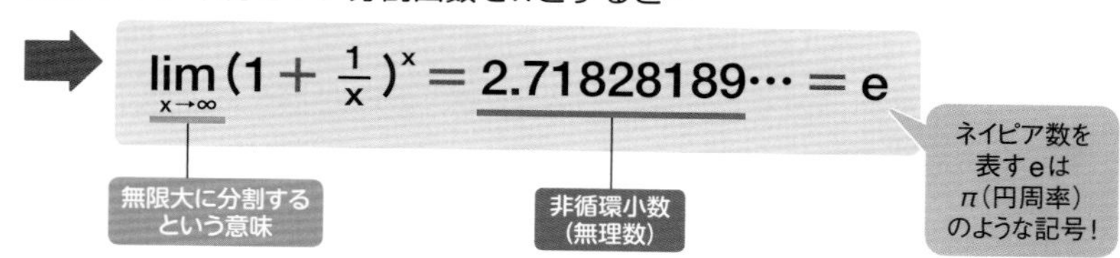

72 ［解析］ “ガチャ”の当たる確率はネイピア数でわかる？

“ガチャ”などの**くじを連続で外す確率**には、「**ネイピア数**」が深く関係している！

ゲームなどで、ほしいアイテムをくじ引き、いわゆる“ガチャ”で獲得する場合、**アイテムごとの出現率**が示されていることがあります。**出現率が10％であれば、確率は$\frac{1}{10}$**ということなので、ガチャを10回続けてやれば、ほしいアイテムをゲットできそうですよね？　ところが**実際の確率はちがいます**。計算してみましょう。

1回目の“ガチャ”で当たる確率が$\frac{1}{10}$（10％）なら、外れる確率は$\frac{9}{10}$です。2回続けてやれば当たる確率は$\frac{2}{10}$（20％）になりそうですが、ちがいます。2回続けて外れる確率は$\frac{9}{10}\times\frac{9}{10}=\frac{81}{100}$となるので、2回やって少なくとも1回当たる確率は、$1-\frac{81}{100}=\frac{19}{100}$（19％）となるのです。20％よりも小さい値になってしまいました。3回で計算すると27.1％、4回で計算すると34.39％になります。これを10回で計算すると、約65％。つまり、**10回やっても、当たる確率は$\frac{2}{3}$しかない**のです〔図1〕。

もし出現率が$\frac{1}{x}$のガチャを100回、1万回と無限にやれるとすると、**計算式は$\lim_{x\to\infty}\left(1-\frac{1}{x}\right)^{x}=0.36787\cdots$（％）**となります。これを分数に直すと$\frac{1}{2.71828\cdots}$となり、**分母がネイピア数（e）になる**のです〔図2〕。このように、ネイピア数は金利だけでなく、確率の計算においても重要な数になっているのです。

“ガチャ”とネイピア数の関係

ゲームの“ガチャ”の当たる確率〔図1〕

出現率10%の“ガチャ”を10回した場合

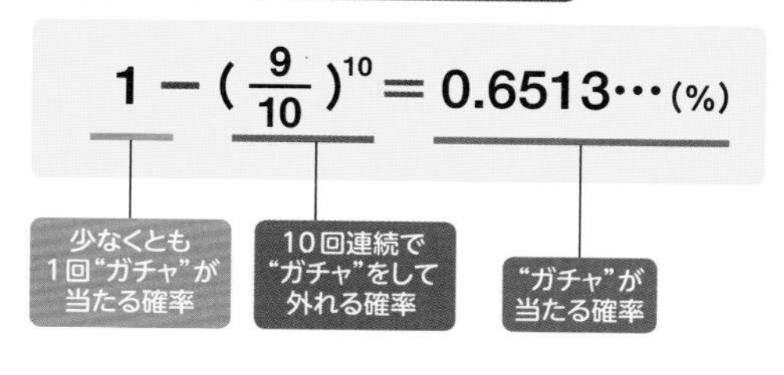

出現率1%の“ガチャ”を100回した場合

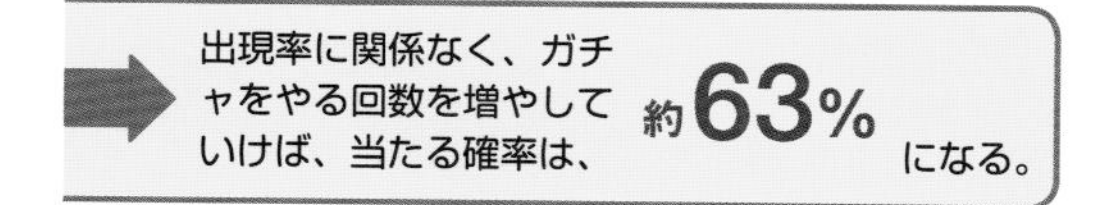

出現率に関係なく、ガチャをやる回数を増やしていけば、当たる確率は、約63%になる。

ガチャを無限にしたときの外れる確率〔図2〕

出現率は $\frac{1}{x}$、ガチャをする回数をx回とすると、以下のようになる。

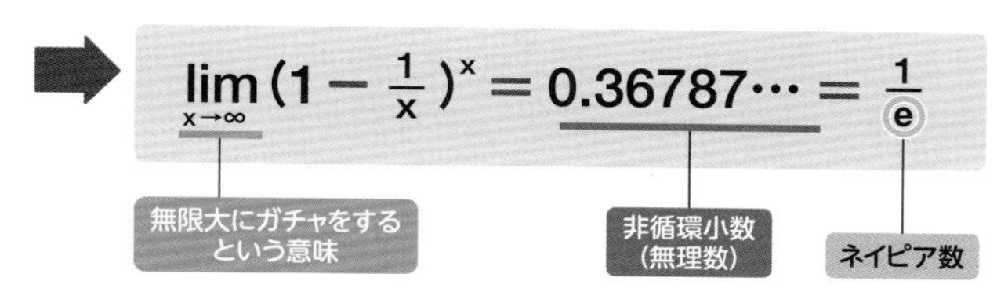

ねずみ算

ねずみ算とは、ある期間にねずみがどれだけ増えるかを求める和算の計算で、等比数列（➡P104）の問題になります。ねずみ算の結果は、急激に桁数が大きい数になって増えていくため、「ねずみ算式に増えていく」という表現が生まれました。

問 1組のねずみのつがいが、1月に12匹の子を生みました。2月には、親子合わせて7組のつがいが、それぞれ12匹の子を生みました。このように、毎月、1組のつがいが12匹ずつ生むとすると、12月には何匹になっているでしょうか？

POINT

- 毎月、どのくらいねずみが増えるのかを考える！
- 増えた数を2で割ると「つがい数」になる！
- ねずみの増え方のルールを見つける！

解き方

ねずみは1月に12匹増えて、合計14匹になったので、つがいの数は2で割って7組となります。

2月は、7組がそれぞれ12匹ずつ生むので、子の数は7×12＝84匹となり、もとの14匹と合わせて98匹となります。

こうして計算を続けていけば答えが出ますが、とても面倒な計算になるので、増え方のルールを考えてみましょう。

1組のつがいが12匹を生むということは、1組のつがいから、毎月6組のつがいが誕生します。つまり、前月のねずみ数を6倍すれば、ある月にどれだけねずみが増えたかを計算できるのです。これに、前月のねずみ数を加えれば、ある月のねずみ数になります。

ある月のねずみ数を求める計算式は、

(前月のねずみ数)＋(前月のねずみ数×6)＝(前月のねずみ数×7)

つまり、1月から12月までのねずみ数は、以下の式で求められます。

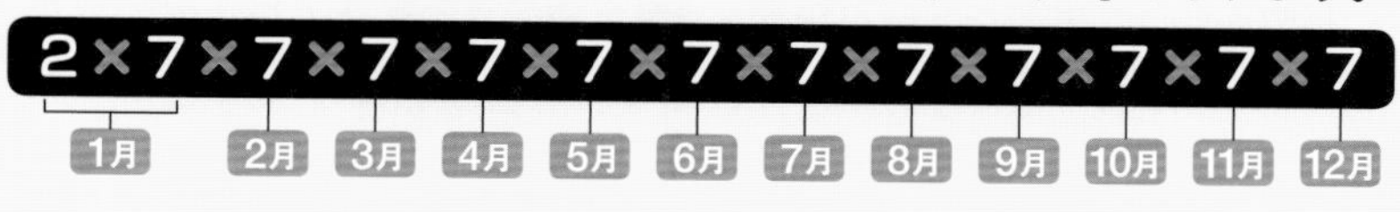

これを計算すると、27682574402匹となります。

答　276億8257万4402匹

別の解き方

ねずみ算は数学的には等比数列なので、初項a、公比rの等比数列の一般項a_nを求める公式$a_n = a \times r^{n-1}$が使えます。一般項が12月のねずみ数なので、$2 \times 7^{13-1} = 27682574402$と求められます。

73 ［解析］ 世界を数式化？ 関数と座標のしくみ

なるほど！ **関数や座標**により、**現実世界の現象**を**数式で表現**できるようになった！

ある２つの変数（いろいろな値を取れる数）があり、片方の値が決まると、もう片方に対応した値がただ１つに決まる…この関係を**「関数」**といいます。かんたんにいえば、**「値を変換するルール」**のことです。２つの変数がｘとｙのとき、**関数はy=f(x)と表します**。

例えば、ｙ＝２ｘ＋１という関数（変換ルール）なら、ｘが１のときｙは3となり、ｘが２のときｙは5になるということ。関数の中で、**ｙ＝ａｘ＋ｂで表せるものを「一次関数」**といい、**座標で表すと直線**になります。座標とは、平面上のあらゆる点の位置を示す数の組で、数学ではヨコ軸をｘ、タテ軸をｙとするのが一般的です。

一次関数では、ａの値が大きくなれば直線の傾きは急になり、ａの値が小さくなれば直線の傾きはゆるやかになります。**この直線の傾きのことを「平均変化率」**といい、ｘが１増えたとき、ｙがどれだけ増えるかを示します。**$y = ax^2 + bx + c$で表せる関数を「二次関数」**といい、座標で表すと**曲線（放物線）**になります〔図1〕。

１７世紀のヨーロッパでは、砲弾の軌道の研究により関数と座標が発達し、**自然現象の基本法則を数式で表せるようになりました**〔図2〕。ちなみに、数学の「微分」（➡P200）や「積分」（➡P204）を理解するためにも、「関数」は必要な知識になります。

現実の世界と結びつく関数と座標

一次関数と二次関数〔図1〕

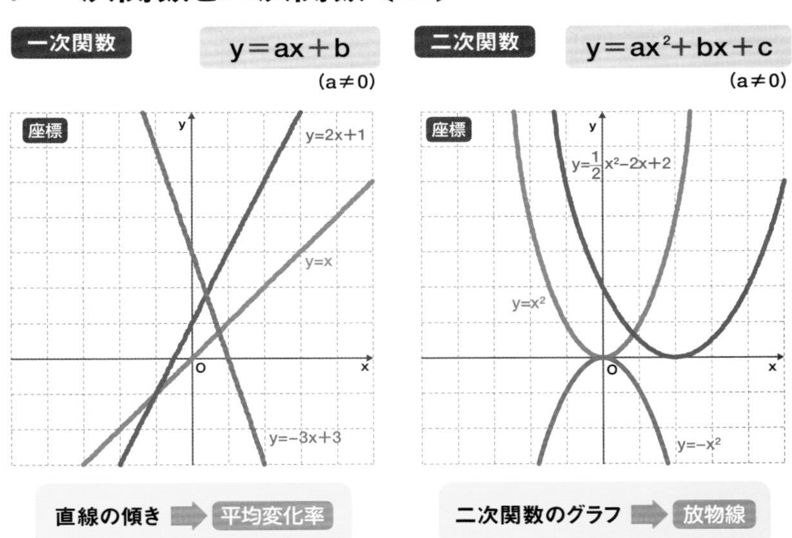

座標に表したときの弾道〔図2〕

砲弾の軌道を座標と関数で数式化し、着弾地点を計算できるようになった。

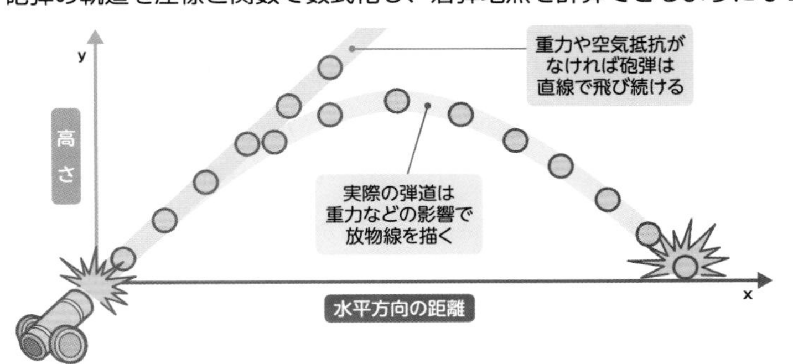

74 ［解析］「微分」って何？何を求めるためのもの？

なるほど！ 微分とは**曲線を細かく刻んで考え**、**瞬間の変化**を知るための手法！

「微分」とは、**「細かく分けて調べる」**ことを基本とした数学の手法で、**「ある関数が、いつ、どのように変化するのか」**がわかります。数学的には、「関数y＝f（x）に対して、その接線の傾きを求める関数（導関数）y'＝f'（x）をつくること」です。**接線**とは「曲線と１点で触れるだけ」の直線、つまり**「曲線に限りなく近づけたときの直線」**のことで、**曲線と直線が接する点を「接点」**といいます。

曲線の一部を無限に拡大していくことをイメージしてみてください。そうすると、その部分はほとんど直線になりますよね。例えば、地球は丸いですが、地面は平らに感じます。地球の接線は、地面に置かれた無限にまっすぐ伸びる棒のようなものだと考えると、接線のことをイメージしやすくなるかもしれません〔図1〕。

では、自動車を例に微分を考えてみましょう。速度は、「２つの点を進んだ距離（距離の変化）」を「かかった時間（時間の変化）」で割れば求められます。これにより、100kmの距離を１時間（60分）で走った自動車の時速は、100kmだとわかります。しかし**実際は、常に時速100kmで走っているわけではなく、加速や減速をくり返しています**。

地球で接線をイメージする〔図1〕

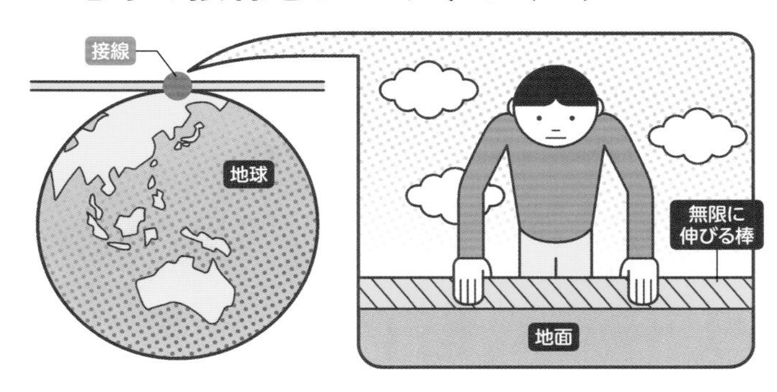

地球の接線は、地面に置かれた無限に伸びるまっすぐな棒だと考えるとイメージしやすい。

この自動車の時間と距離の変化を表す関数があったとき、スタートからx分後の**瞬間速度**を知るには、どうすればいいでしょうか？　瞬間（点）の速度は、上述したような単純な計算ではわかりません。しかし、**2つの点の距離を無限に小さく（微分）していけば、1点とほぼ同じになる**と考えらます。つまり、この1点における変化の割合（接線の傾き）が、自動車の瞬間速度になるのです〔➡P202図2〕。

接線の傾きは、曲線上のどの点の接線であるかによって変わります。$y=x^2$であれば$x=-1$のときの傾きは-2、$x=0$のときの傾きは0、$x=2$のときの傾きは4となり、$y=x^2$のすべての点における接線の傾きを求める関数は、$y'=2x$になります。**この関数を導関数といい、$f'(x)$と表します。この導関数を求めることが、「微分」なのです**〔➡P203図3〕。一般的に、**$y=x^n$の導関数は$y'=nx^{n-1}$で求められます**。

ここで、微分と**ネイピア数e**（2.7182…）との関係を説明しましょう。$y=e^x$の接線の傾きを表す関数は**$y'=e^x$**になります。つまり、**もとの関数と導関数が一致**するのです。このような数はほかにはないため、ネイピア数は微分にとって最も重要な数なのです〔➡P203図4〕。

接線の傾きは瞬間(点)の変化率

▶ 自動車の瞬間速度を求める〔図2〕

ある自動車が、1時間に100kmを進んだとする。

$$\text{速度} = \frac{\text{2点間を進んだ距離}}{\text{かかった時間}} \Rightarrow \frac{\text{100km}}{\text{1時間}} = \text{時速100km}$$

1時間に自動車が走ったときの距離の変化

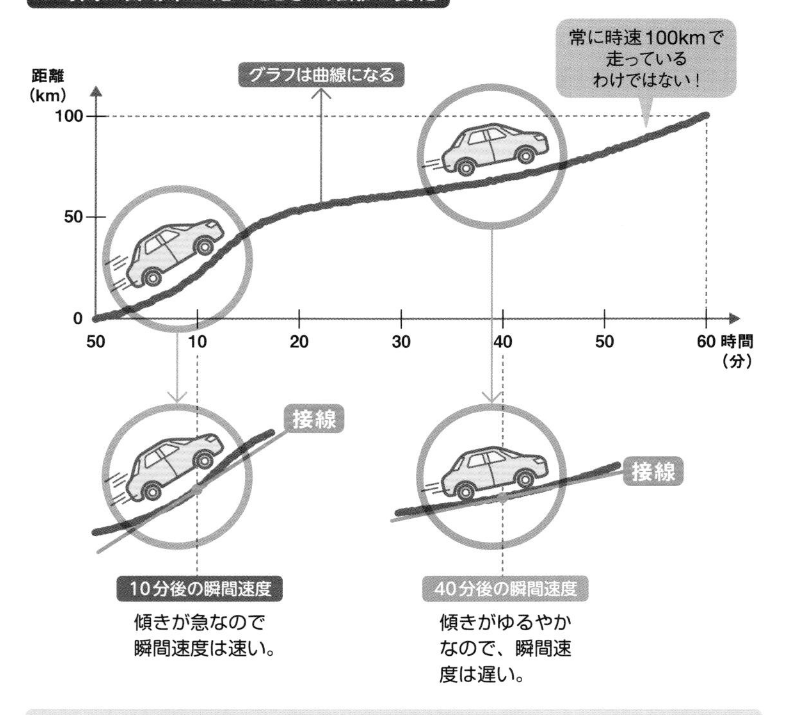

接線の傾きがわかれば、瞬間速度を求めることができる！

導関数を求めることが「微分」

y＝x^2の接線と導関数〔図3〕

関数y＝x^2のグラフ

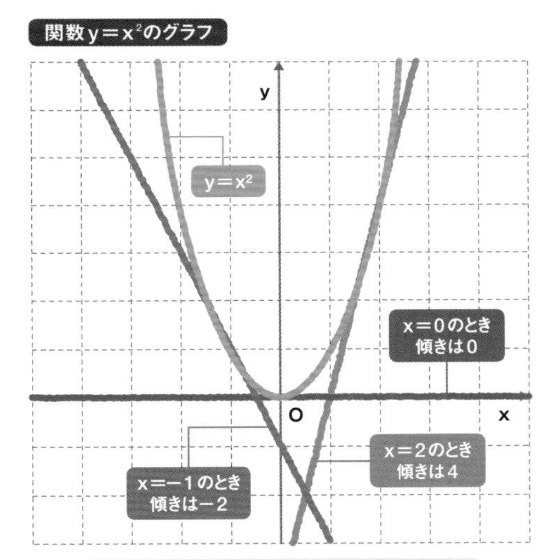

微分とは、導関数を求めること！

どの点の接線の傾きでも求められる関数を「導関数」という。

y＝x^2の導関数は
y'＝2x

導関数を求める公式

読み方は「ワイダッシュ」

$$y=x^n \xrightarrow{\text{微分}} y'=nx^{n-1}$$

y＝$2x^3$+1ならば、x^3の2倍を意味する定数「2」は微分したあとにかける。「+1」はグラフの傾きに関係ない数なので無視する。よって、

$$y'=2\times3x^{3-1}=6x^2$$

と求められる。

微分とネイピア数の特別な関係〔図4〕

y＝e^xのグラフは、もとの関数と導関数が完全に一致するという特別な性質がある。つまり、e^xは微分しても積分しても変わらない唯一の関数で、この関数を使うことで、さまざまな微分方程式を解くことができる。

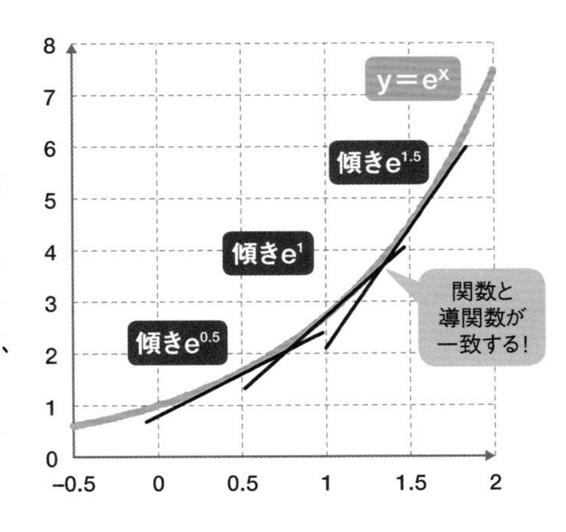

75 ［解析］「積分」って何？何を求めるためのもの？

なるほど！ **積分は、微分と逆関係**にある数学の手法。**曲線で囲まれた面積**を求めることができる！

直線で囲まれた領域なら面積の計算はかんたんですが、**曲線で囲まれた領域の面積**を正確に出すのはむずかしそうです。その面積を求めるために、**アルキメデスが考案したのが「取りつくし法」**でした。これは、求める領域を三角形に細かく分割して計算し、それをたし合わせていくものです〔図1〕。このような**曲線に囲まれた領域の面積を求めるために発達した手法が、「積分」**なのです。

「取りつくし法」のように、細かく分割して、全部たし合わせる計算は面倒で、数値も不正確です。そんな中、17世紀に**ニュートン**が、積分の基本である**「細かく分割する」という考え方が「微分」と同じ**であり、**微分と積分が「逆関係」にあること**に気づきました。そして、関数の曲線グラフに囲まれた範囲を正確に求める定理を発見したのです。こうして微分と積分は**「微分積分学」**としてセットで扱われるようになったのです。

では、まず積分の基本を紹介しましょう。もとの関数が$y=x^2$の場合、微分すると、導関数は$y'=2x$になります。微分と積分は逆関係にあるので、積分するともとの関数になります。さらに、もとの関数を積分すると、別の関数「$y=\frac{1}{3}x^3$」になります。
これを**「原始関数」**といい、**「$\int ydx$」**と表します〔➡P206図2〕。

アルキメデスの取りつくし法〔図1〕

放物線と直線に囲まれた面積を求める場合

ACを底辺として、放物線上に高さが最大になる点Bをとり、三角形をつくる。余ったスペースに、同じように三角形をつくり続けて面積を出し、合計する。

アルキメデス

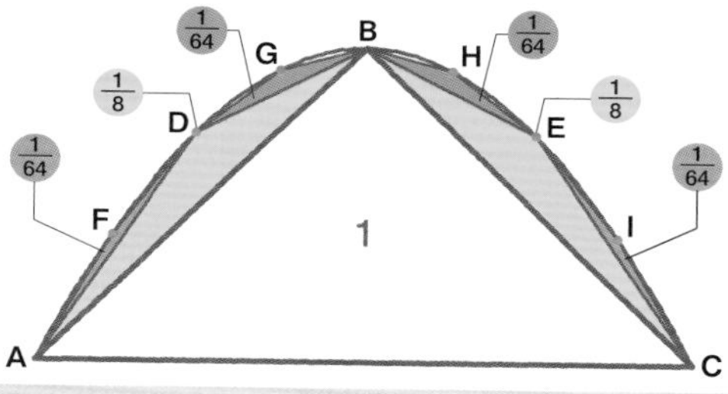

三角形ABCの面積を1とすると、
黄の三角形は1/8、緑と青の三角形は1/64になる。
この合計は、$1+\frac{1}{8}\times2+\frac{1}{64}\times4=\frac{21}{16}$（正確な値は$\frac{4}{3}$）

では、なぜこの原始関数によって、曲線で囲まれた面積が求められるのでしょうか？　そのことをy=2xの直線で考えてみましょう。この直線とx軸、y軸と平行な直線で囲まれた領域は三角形になり、面積は底辺（x）×高さ（2x）÷2で求められるので、面積を求める式は$y=x^2$となります。この計算式は、**y=2xを積分したときの「原始関数」**です。このように、**ある関数を積分することで、面積を求められる関数をつくり出せる**のです〔➡P207 図3〕。

では、曲線の下の部分の面積を求める場合はどうでしょうか？　積分では、**「短冊のような長方形に細かく分割し、それをたし合わせる」**と考えます。短冊の幅が太いと誤差が出ますが、短冊の幅を無限に狭くすれば、ほぼ正確な面積が求められるはずです。原始関数を表す**「∫ydx」は、「短冊の面積（y×dx）をすべてたし合わせる」**という意味なのです。このため、曲線とx軸、y軸と平行な直線で囲まれた領域を原始関数で計算できるのです〔➡P207 図4〕。

積分とは原始関数を求めること

▶微分と積分の逆関係〔図2〕

例えば、もとの関数が$y=x^2$の場合

$y=\frac{1}{3}x^3$ ⇄ $y=x^2$ ⇄ $y'=2x$

（右向き：微分　左向き：積分）

原始関数を求める公式

$$\int y\,dx=\frac{1}{n+1}x^{n+1}+C$$

Cは定数　どんな数でも微分すれば0になる

読み方は「インテグラル」

すごい！数学者

12 アイザック・ニュートン

【1643～1727】

イギリスの数学者・物理学者。万有引力をはじめ、物体の運動法則を研究し、それを証明していく過程で微分・積分の数学的手法を創造した。

すごい！数学者

13 ゴッドフリート・ライプニッツ

【1646～1716】

ドイツの数学者。ニュートンと同時期に、独自に微分積分学を研究し、体系化して、記号の意味を厳密に定義するなど、学問として確立させた。

原始関数で面積がわかる

▶積分で面積が求められる理由〔図3〕

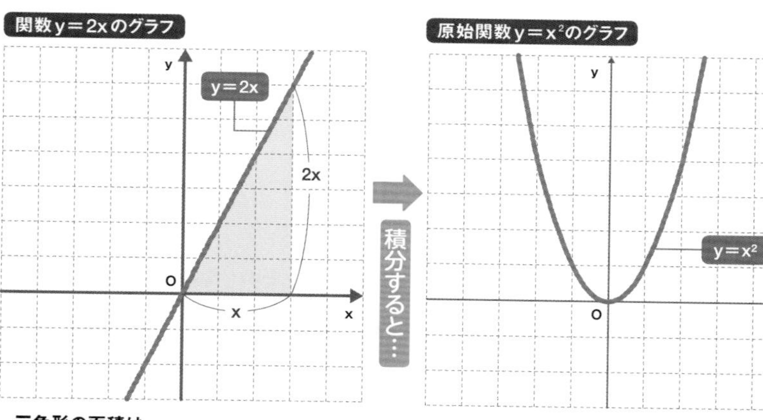

三角形の面積は、
底辺（x）×高さ（2x）÷2＝x^2。つまり、

y＝x^2が面積を求める計算式になる。

y＝2xを積分してつくった原始関数は、

y＝x^2となる。これを計算すれば三角形の面積が求められる。

▶曲線の下側の面積を求める考え方〔図4〕

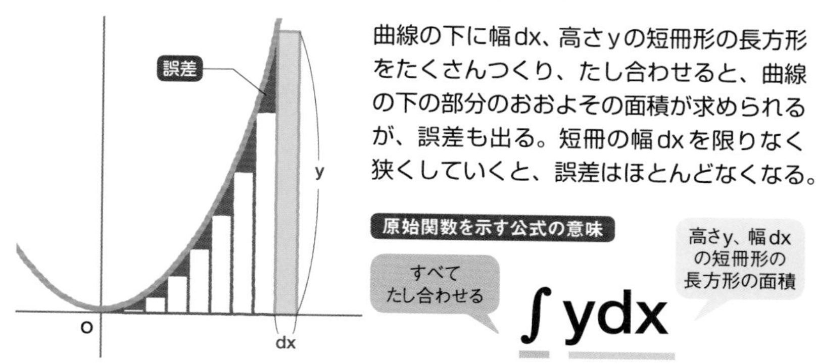

曲線の下に幅dx、高さyの短冊形の長方形をたくさんつくり、たし合わせると、曲線の下の部分のおおよその面積が求められるが、誤差も出る。短冊の幅dxを限りなく狭くしていくと、誤差はほとんどなくなる。

76 ［数］ 300年超解けなかった?「フェルマーの最終定理」

なるほど! **中学生レベル**で意味を理解できる定理なのに、300年以上、**誰も証明できなかった**定理!

数学に興味がない人でも、テレビなどで**「フェルマーの最終定理」**と聞いたことがあるのではないでしょうか?　この定理は、17世紀のフランスの数学者**フェルマー**の本の余白に書き残されていて、さらに**「私は真におどろくべき証明を見つけたが、この余白はそれを書くには狭すぎる」**と書きそえられていたのです。

フェルマーが残した数々の定理のうち、この定理だけは誰も証明できなかったため**「最終定理」**と呼ばれました。フェルマーの最終定理は、**「nを3以上の自然数とするとき、$x^n+y^n=z^n$となる自然数の組(x、y、z)は存在しない」**というもの。nが1の場合は$1^1+2^1=3^1$など、自然数のたし算に。nが2の場合は、いわゆる**「ピタゴラスの定理」**となり、$3^2+4^2=5^2$など、無数に存在します。しかしnが3の場合は、$x^3+y^3=z^3$という式が成り立たず、4以上でも同じように成り立たないという定理です〔図1〕。「証明されていない定理」といえば、数学者でも定理の意味を理解するのがむずかしいことがほとんどですが、**この定理は、中学生レベルで意味を理解できる**、たった1行の数式で表せるものでした。この定理を証明したのは、フェルマーの死から約300年後の1995年、イギリスの数学者**アンドリュー・ワイルズ**でした〔図2〕。

300年以上も解かれなかった難問

フェルマーの最終定理〔図1〕

nを3以上の自然数とするとき、
$x^n+y^n=z^n$となる
自然数の組(x、y、z)は
存在しない!

ちなみに、定理の証明には最新の数学知識が必要なため、フェルマーの考えていた証明方法はかんちがいだったのではといわれている。

フェルマー の最終定理の証明方法〔図2〕

証明方法はとても難解なので、概要だけを見てみよう。

1 フェルマーの最終定理がまちがっていると仮定すれば、モジュラーでないフライ曲線

$$y^2=x(x-a^n)(x+b^n)$$

がつくれる。

※モジュラーとは「モジュラー形式」という対称性の高い関数と関係していること。

2 フライ曲線は「半安定な楕円曲線」で「モジュラーでない」。

3 「すべての半安定な楕円曲線は、モジュラーである」と証明したことで、**1**の仮定と矛盾し、フェルマーの最終定理が正しいことの証明になった。

77 ［数］ 「虚数」とはどんな数で、何の役に立っている？

なるほど！ 虚数とは、**虚数単位「i」がついた数**のこと。**量子力学の分野**には不可欠の概念！

「虚数」とは何なのでしょうか？ 「２乗すると－１になる数」で **$x^2=-1$** という数式で表すことができ、式を入れ替えると $x=\sqrt{-1}$ となります。18世紀のスイスの数学者**オイラー**は、$\sqrt{-1}$ を**「虚数単位」**と定め、**「ｉ」という記号**で表しました。

「ｉ」を理解するには、実数の数直線で考えます。この数直線では、「＋１」に「－１」を１回かけると、原点「０」を中心に180°回転して「－１」になります。$i^2=-1$とは、「１にｉを２回かけたら－１になる」ことを示します。つまり、**１に「ｉ」を１回かけると90°回転して「ｉ」になり、もう１回「ｉ」をかけると、もう90°回転して「－１」になる**のです。このように、水平な数直線（**実軸**）で実数を表し、垂直な数直線（**虚軸**）でｉを表せば、ｉを視覚化できるのです〔右図〕。実軸と虚軸をもつ平面を**「複素平面」**といい、**実数と虚数が組み合わされた数を「複素数」**といいます。

複素数は、原子や電子などの動きを扱う量子力学の分野では必須の概念です。原子や電子の動きは複雑すぎて、実数で範囲を決めて計算できませんが、虚数を含んだ**オイラーの公式**（➡**P212**）などを使えば、計算が可能になるのです。つまり、虚数の発見がなければ、コンピュータは誕生しなかったといえるでしょう。

虚数を視覚化して理解する

虚数単位と複素平面

虚数単位「i」とは…

$i^2 = -1$ を満たす数
$i = \sqrt{-1}$ となる

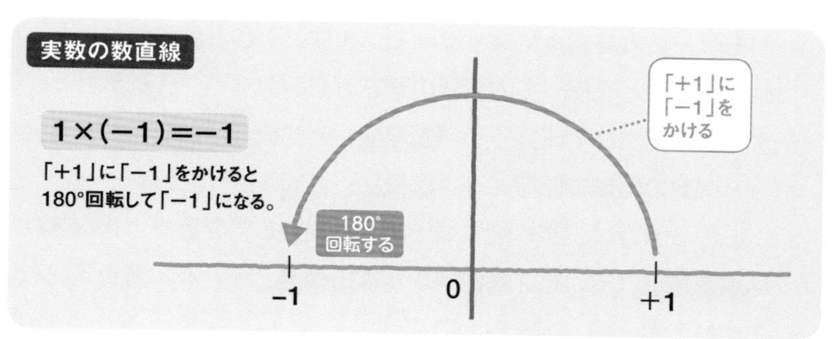

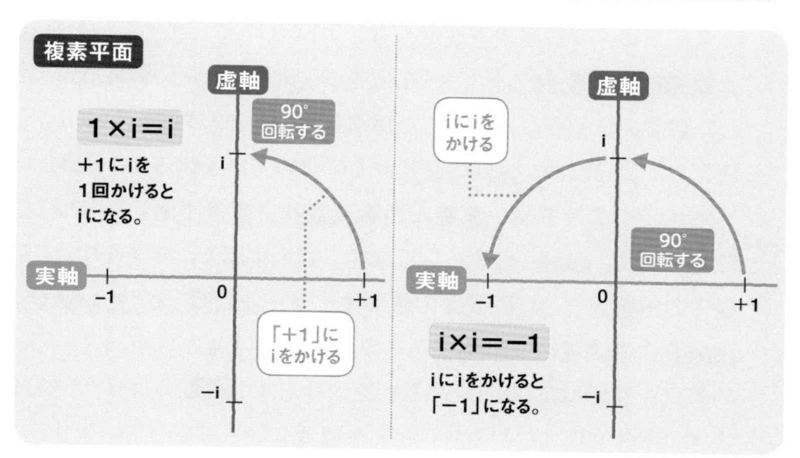

78 ［数］ 人類の至宝？「オイラーの等式」

なるほど！

「代数学(だいすうがく)」「幾何学(きかがく)」「解析学(かいせきがく)」の数学３分野が、**シンプルな１つの数式**にまとめられている！

そもそも、数学とは何でしょうか？　数学には大きく３つの分野があり、これを基本に成り立っています。その３分野とは、たし算や引き算などを使って方程式の解き方を研究する**「代数学」**と、図形や空間について研究する**「幾何学」**と、微分や積分などから発展し、関数の理論を研究する**「解析学」**です。

この３分野は、基本的にはそれぞれ独立して発展し、代数学からは**虚数単位「ｉ」**が、幾何学からは**円周率「π」**が、解析学からは**ネイピア数「e」**が誕生しました。

スイスの天才数学者**オイラー**は、1748年に**「オイラーの等式」と呼ばれる数式「$e^{i\pi}+1=0$」**を発表しました。この数式は、上述した数学の３分野から誕生した特別な数が、きわめてシンプルに表現されているため、**人類の至宝**とも呼ばれているのです〔図1〕。

オイラーの等式は、**実数と虚数を表す「複素平面」**（➡P210）で考えると、理解しやすくなります。複素平面上に原点を中心に半径１の円を描くと、円周上の値は**オイラーの公式「$e^{i\theta}=\cos\theta+i\sin\theta$」**で表せます。実軸－１のときに$\theta$は$\pi$となり、オイラーの等式を変形した「$e^{i\pi}=-1$」となります〔図2〕。オイラーの公式は、微分方程式などでも、とても重要な数式になっています。

オイラーの等式が重要な理由

数学3分野が結びついたオイラーの等式〔図1〕

数学は「代数学」「幾何学」「解析学」の３分野が基本となっている。

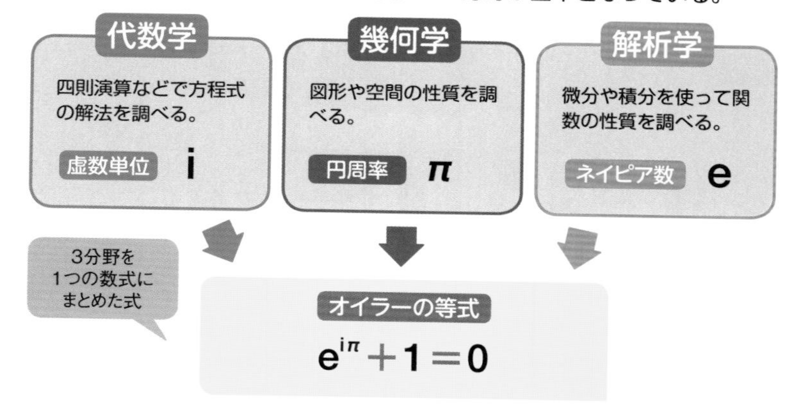

複素平面で表す「オイラーの等式」〔図2〕

複素平面上に、原点を中心に半径１の円を描く。

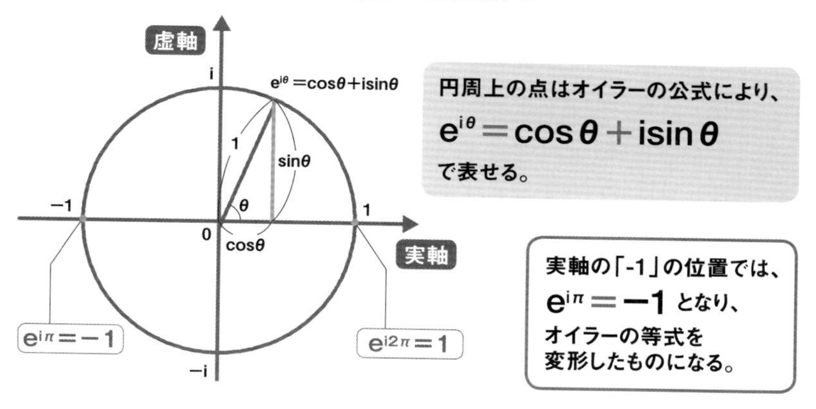

79 ［知識］ 数学界のノーベル賞「フィールズ賞」とは？

なるほど！ 40歳以下の**若い数学者**に与えられる賞。
これまでに**3名の日本人数学者**が受賞！

ノーベル賞には「数学賞」はありません。その代わりではありませんが、世界から注目される数学界最高の栄誉ある賞があります。それが**「フィールズ賞」**です。

フィールズ賞は、若い数学者の功績を表彰し、その後の研究を励ます目的で、1936年にカナダ人の数学者**ジョン・チャールズ・フィールズ**によって創設されました。４年に１度開かれる**国際数学者会議（ICM）**で、**40歳未満の数学研究者**（２～４名）が選ばれ、賞金約200万円とメダルが与えられます〔図1〕。

フィールズ賞は、2020年までに60名が受賞し、日本人では**小平邦彦**（1954年受賞）、**広中平祐**（1970年受賞）、**森重文**（1990年受賞）の３名が受賞しています〔図2〕。また、受賞者のうち42人がアメリカの**プリンストン高等研究所**の出身です。

「40歳未満」という年齢制限がありますが、「フェルマーの最終定理」を証明した**アンドリュー・ワイルズ**は、その功績の重要性により、1988年、当時45歳であったにもかかわらず特別表彰を受けました。また、「ポアンカレ予想」を証明した**グレゴリー・ペレルマン**は、2006年にフィールズ賞に選ばれましたが、「自分の証明が正しければ、賞は必要ない」と、受賞を辞退しました。

数学界最高の栄誉ある賞

フィールズ賞のメダル〔図1〕

フィールズ賞のメダルの表面には、アルキメデスの肖像が描かれている。また、肖像の周囲には「己を高め、世界を捉えよ」という意味のラテン語が刻まれている。受賞者の名はメダルの縁に刻まれる。

フィールズ賞を受賞した日本人〔図2〕

受賞者数の国別ランキングでは、日本は第5位*である。

小平邦彦

（1915〜1997）

出身校
東京大学

受賞年
1954年

受賞理由
- 調和積分論
- 「2次元代数多様体（代数曲面）」の分類

広中平祐

（1931〜）

出身校
京都大学

受賞年
1970年

受賞理由
- 「複素多様体の特異点の解消」の研究

森重文

（1951〜）

出身校
京都大学

受賞年
1990年

受賞理由
- 「3次元の代数多様体の極小モデルの存在」を証明

*2020年時点。

不思議で美しい 図形の定理 15

図形には、さまざまな定理があります。
図形の不思議な性質が垣間見える15の定理を紹介します。

1「タレスの定理」

ざっくり言うと… 円周角の性質がわかる定理！

発見した人 タレス？【古代ギリシアの数学者】

▶紀元前7世紀頃

「直径に対する円周角は直角である」という定理で、線分ACを直径とする円周上の点Bがつくる三角形ABCは、∠ABCが直角になる。古代ギリシアの数学者タレスが証明したとされる。タレスの定理は、円周角の定理の１つ。

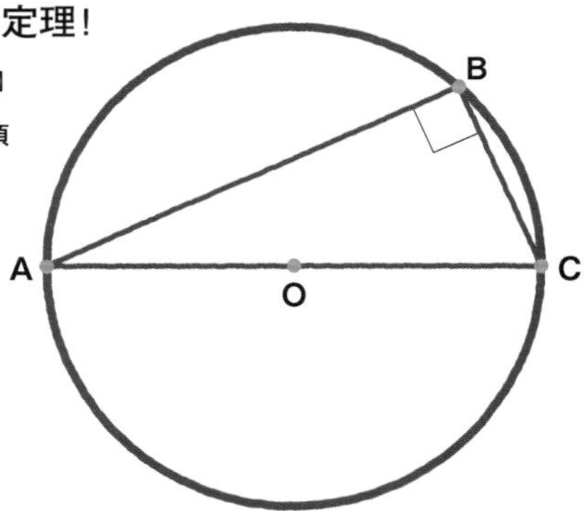

円周角の定理

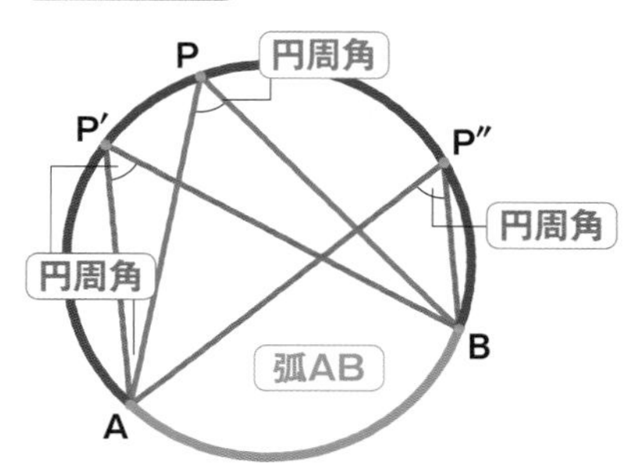

１つの弧ABに対する円周角はすべて等しい。

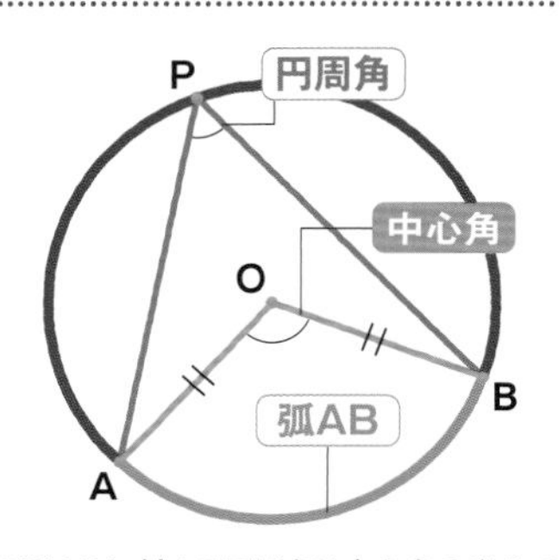

１つの弧ABに対する円周角は中心角の半分である。

2「中線定理」

ざっくり言うと… 三角形の中線と辺の長さの関係がわかる定理!

発見した人 アポロニウス
【古代ギリシアの数学者】

▶紀元前3世紀頃

三角形ABCにおいて、$AB^2+AC^2=2(AM^2+BM^2)$が成立する。Mは、BCの中点となる。「パップスの定理」として知られるが、実際に発見したのはアポロニウスである。

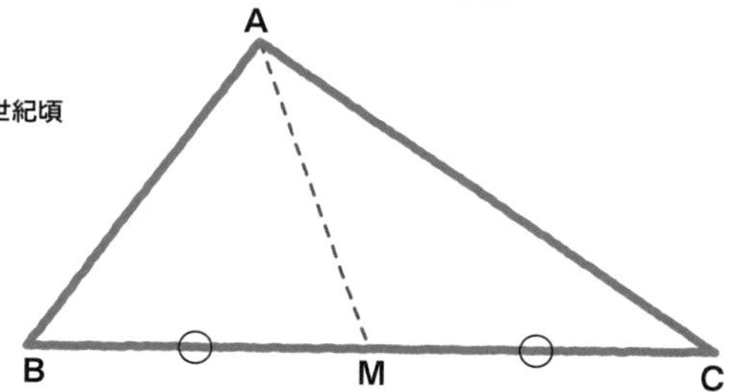

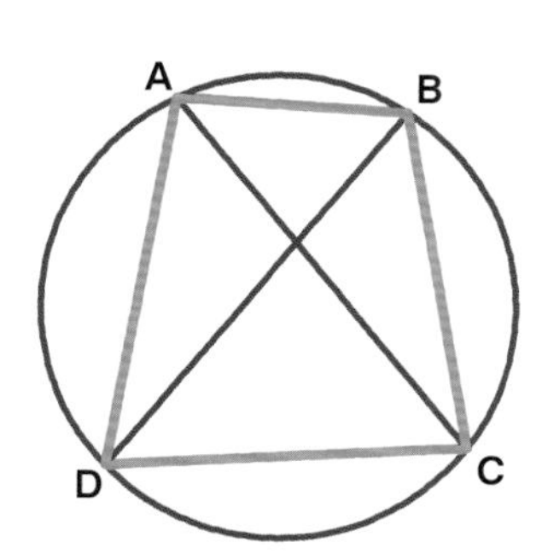

3「トレミーの定理」

ざっくり言うと… 円に内接する四角形の性質がわかる定理!

発見した人 プトレマイオス
【古代ギリシアの数学者】

▶紀元前1世紀頃

円に内接する四角形ABCDにおいて、AB×CD+AD×BC=AC×BDが成り立つ。「トレミー」とは、プトレマイオスの英語読み。

4「メネラウスの定理」

ざっくり言うと… 三角形と直線がつくる線分の比がわかる定理!

発見した人 メネラウス
【古代ギリシアの数学者】

▶紀元前1世紀頃

ある直線が三角形ABCのAB、AC、BCまたはその延長とそれぞれ点D、E、Fで交わるとき、右の等式が成立する。

$$\frac{BD}{DC}\times\frac{CE}{EA}\times\frac{AF}{FB}=1$$

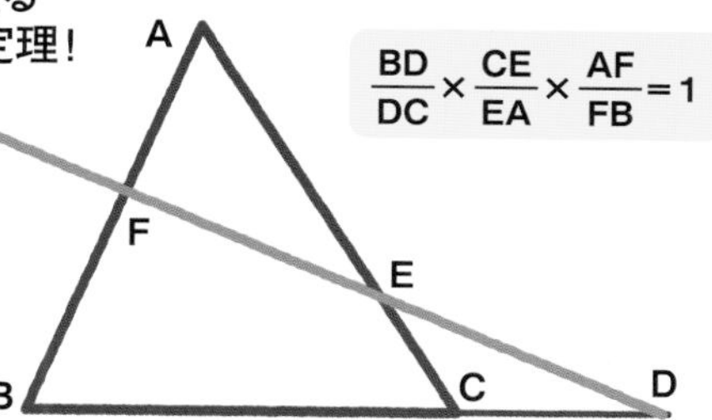

5「接弦定理」

ざっくり言うと… 円周角と接線との関係がわかる定理！

発見した人 エウクレイデス？【古代ギリシアの数学者】

紀元前３世紀頃？

円の接線ATと弦ABがつくる∠BATは、弦ABの円周角∠ACBと等しい。∠BATが鋭角、直角、鈍角のどの場合でも成り立つ。エウクレイデス（ユークリッド）の著書『原論』に記されている。

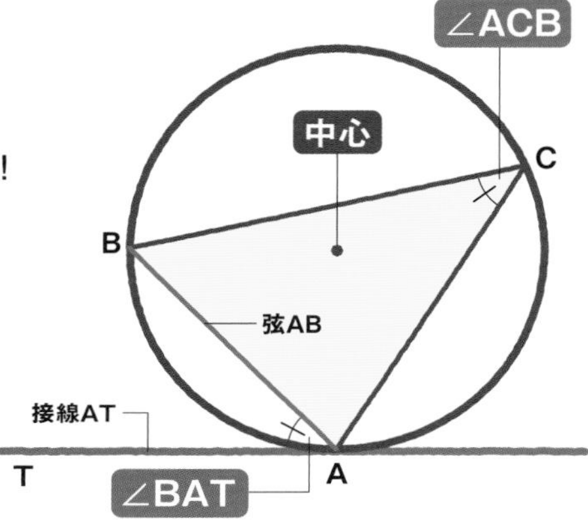

6「方べきの定理」

ざっくり言うと… 円と２直線の関係がわかる定理！

発見した人 エウクレイデス？【古代ギリシアの数学者】

紀元前３世紀頃？

方べきの定理は３パターンあり、エウクレイデスの『原論』に記されている。

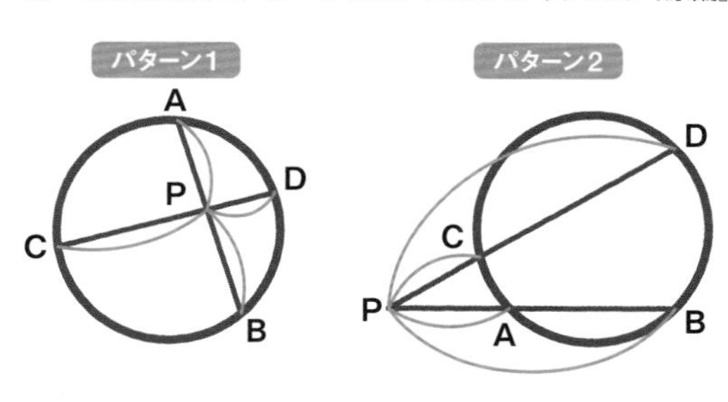

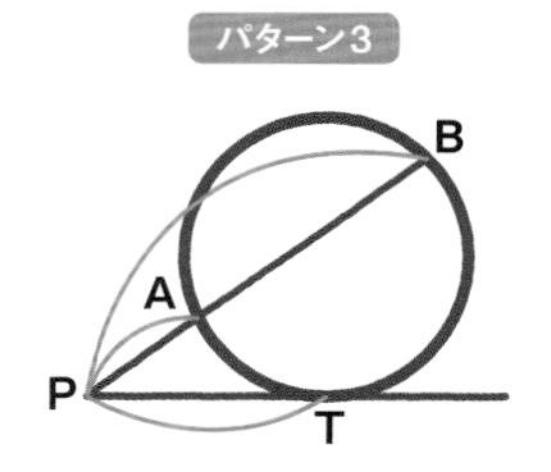

円の２つの弦AB、CDの交点 パターン1 、またはその延長の交点 パターン2 をPとすると$PA \times PB = PC \times PD$が成り立つ。

円の外部の点Pから引いた接線の接点をTとし、Pから円に引いた直線の２つの交点をA、Bとすると、$PA \times PB = PT^2$が成り立つ パターン3 。

7「パップスの六角形定理」

ざっくり言うと… 直線と交点に関する性質がわかる定理！

発見した人 パップス【エジプトの数学者】

▶4世紀前半

A、B、Cが同一直線上にあり、D、E、Fが同一直線上にあるとき、AEとBD、BFとCE、CDとAFの交点は同一直線上にある。

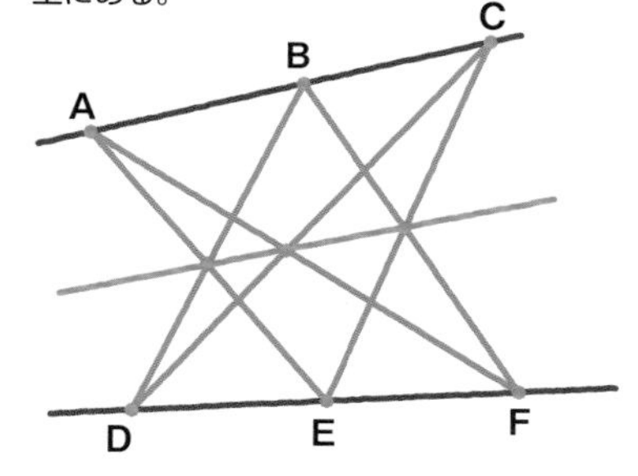

8「ヴィヴィアーニの定理」

ざっくり言うと… 正三角形と垂線との関係がわかる定理！

発見した人 ヴィヴィアーニ【イタリアの数学者】

▶1659年

正三角形ABCの内部の点から、各辺に下ろした垂線の長さの和（s＋t＋u）は一定で、三角形ABCの高さと等しい。

C
u
t
s
A
B

9「チェバの定理」

ざっくり言うと… 三角形の頂点を通る直線の性質がわかる定理！

発見した人 チェバ【イタリアの数学者】

▶1678年

三角形ABCのBC、CA、AB上にそれぞれD、E、Fがあり、AD、BE、CFが1点Oで交わるとき、右の等式が成立する。

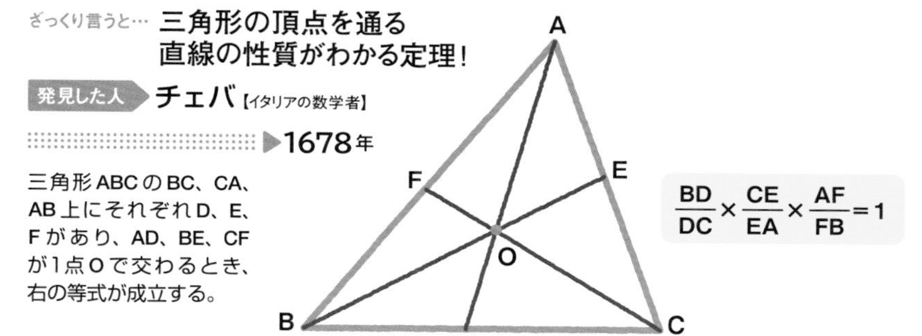

$$\frac{BD}{DC}\times\frac{CE}{EA}\times\frac{AF}{FB}=1$$

10「ナポレオンの定理」

ざっくり言うと… 三角形の重心に関する定理！

発見した人 ナポレオン？【フランスの皇帝】

▶1800年頃？

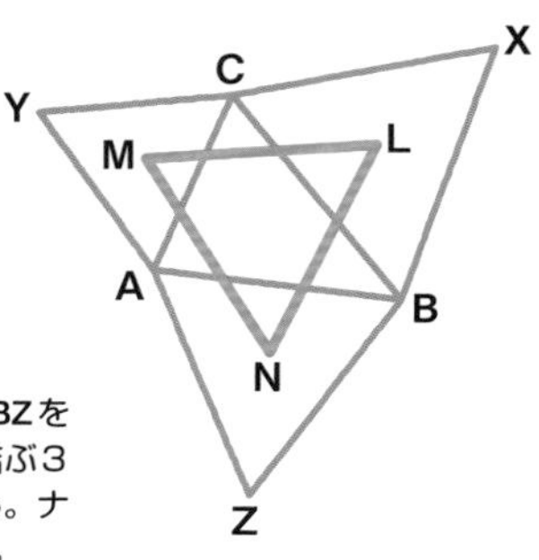

三角形ABCの各辺を1辺とする正三角形BCX、ACY、ABZを描き、それぞれの三角形の重心（頂点と対辺の中点を結ぶ3本の直線が交わる点）L、M、Nを結ぶと正三角形となる。ナポレオンが発見したといわれるが、資料は残っていない。

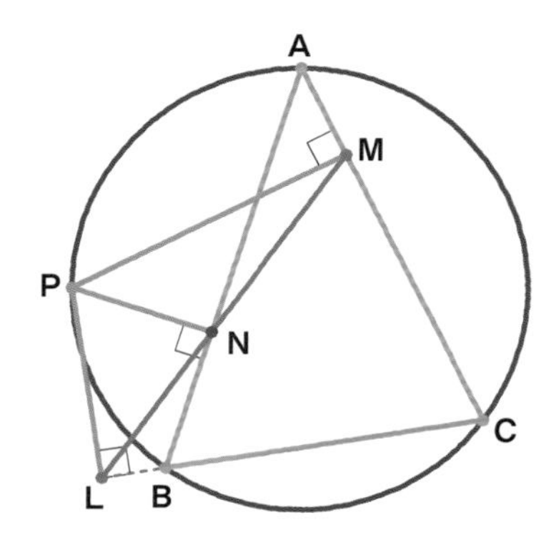

11「シムソンの定理」

ざっくり言うと… 三角形の外接円と垂線に関する定理！

発見した人 ウィリアム・ウォレス【イギリスの数学者】

▶1797年？

三角形ABCの外接円上の1点Pから、三角形の各辺または延長上へ垂線を下ろすとき、その交点L、M、Nは一直線上にある。この直線をシムソン線というが、発見者はシムソンではなく、イギリスの数学者ウィリアム・ウォレスである。

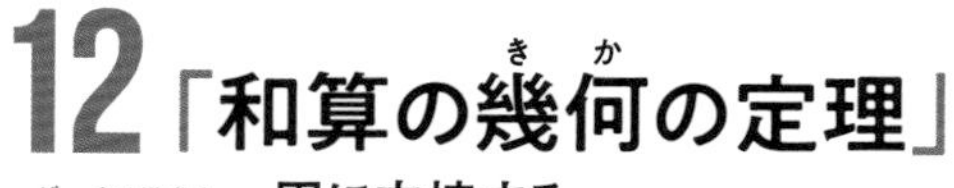

12「和算の幾何(きか)の定理」

ざっくり言うと… 円に内接する多角形の性質がわかる定理！

発見した人 藤田嘉言(ふじたよしとき)？【日本の和算家】

▶1807年？

和算において幾何図形の研究が進み、多くの定理が発見された。そのうちの1つが「円に内接する多角形において、1つの頂点を通る弦で分けられる三角形の内接円の半径の和は、どの頂点でも一定である」というもの。

2つの図形において、円の半径の合計が同じになる。

13「ホルディッチの定理」

ざっくり言うと… 閉曲線(へいきょくせん)の性質がわかる定理!

発見した人 ホルディッチ【イギリスの数学者】

▶1858年?

閉曲線（両端が一致した閉じている曲線）において、ある一定の長さの弦ABを、その両端が曲線上にくるようにすべらせて動かすとき、AB上のある1点Pの軌跡は新しい閉曲線を描く。

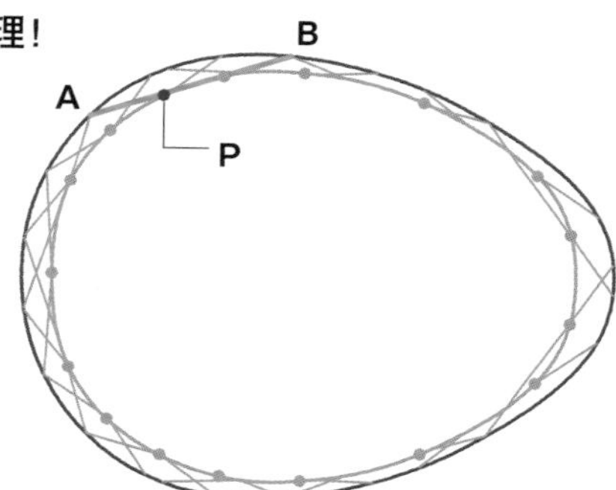

14「モーリーの定理」

ざっくり言うと… 三角形の内角に関する定理!

発見した人 フランク・モーリー【アメリカの数学者】

▶1899年

どのような三角形ABCでも、それぞれの内角の三等分線を引き、交差する3点をP、Q、Rとすると、三角形 PQRは正三角形になる。

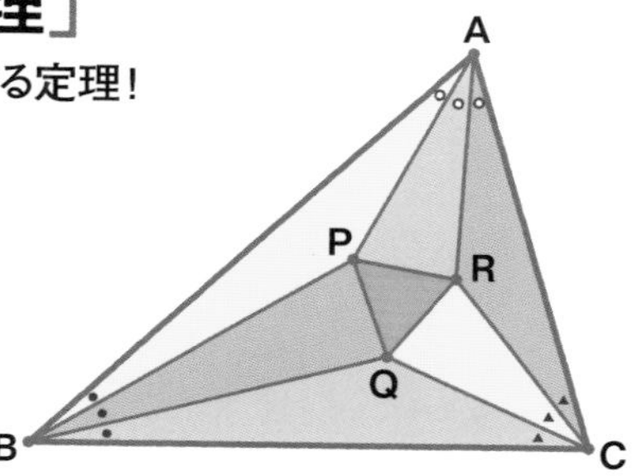

15「ジョンソンの定理」

ざっくり言うと… 円と円の交点に関する定理!

発見した人 ロジャー・ジョンソン【アメリカの数学者】

▶1916年

3つの等しい円が1点Hで交わるとき、2つの円のH以外の交点をそれぞれA、B、Cとすると、3点A、B、Cは、3つの円と等しい円の円周上にある。

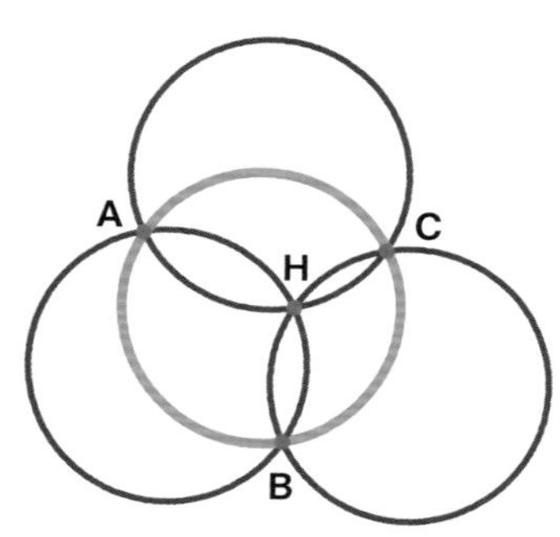

さくいん

あ

か

さ

た

な

は

参考文献

『物語 数学の歴史』加藤文元著（中公新書）
『ビジュアル 数学全史』クリフォード・ピックオーバー著（岩波書店）
『数学パズル大図鑑Ⅰ 古代から19世紀まで』イワン・モスコビッチ著（化学同人）
『数学パズル大図鑑Ⅱ 20世紀そして現在へ』イワン・モスコビッチ著（化学同人）
『考える力が身につく！ 好きになる 算数なるほど大図鑑』桜井進監修（ナツメ社）
『増補改訂版 算数おもしろ大事典IQ』秋山久義、清水龍之介 他監修（学研）
『理系脳をきたえる！ Newtonライト 数学のせかい 図形編』（ニュートンプレス）
『理系脳をきたえる！ Newtonライト 数学のせかい 数の神秘編』（ニュートンプレス）
『理系脳をきたえる！ Newtonライト 数学のせかい 教養編』（ニュートンプレス）
『理系脳をきたえる！ Newtonライト 確率のきほん』（ニュートンプレス）
『Newton別冊 ニュートンの大発明 微分と積分』（ニュートンプレス）
『難しい数式はまったくわかりませんが、微分積分を教えてください！』たくみ著（SBクリエイティブ）
『高校数学の美しい物語』マスオ著（SBクリエイティブ）
『知って得する！ おうちの数学』松川文弥著（翔泳社）
『眠れなくなるほど面白い 図解 数学の定理』小宮山博仁監修（日本文芸社）

監修者 **加藤文元**（かとう ふみはる）

1968年、宮城県生まれ。東京工業大学理学院数学系教授。京都大学理学部を卒業し、京都大学大学院理学研究科数学・数理解析専攻博士後期課程修了。京都大学大学院准教授、熊本大学教授などを経て、2015年より現職。その間、ドイツのマックス・プランク研究所研究員、フランスのレンヌ大学やパリ第6大学の客員教授なども歴任する。『宇宙と宇宙をつなぐ数学 IUT理論の衝撃』『ガロア 天才数学者の生涯』（ともにKADOKAWA）など著書多数。

イラスト	桔川 伸、北嶋京輔、栗生ゑゐこ
デザイン・DTP	佐々木容子（カラノキデザイン制作室）
DTP	橘 奈緒
校閲	西進社
編集協力	浩然社

イラスト＆図解 知識ゼロでも楽しく読める！
数学のしくみ

2020年 8 月10日発行　第1版
2023年 3 月20日発行　第2版　第6刷

監修者	加藤文元
発行者	若松和紀
発行所	株式会社 西東社

〒113-0034　東京都文京区湯島2-3-13
https://www.seitosha.co.jp/
電話　03-5800-3120（代）

※本書に記載のない内容のご質問や著者等の連絡先につきましては、お答えできかねます。

落丁・乱丁本は、小社「営業」宛にご送付ください。送料小社負担にてお取り替えいたします。本書の内容の一部あるいは全部を無断で複製（コピー・データファイル化すること）、転載（ウェブサイト・ブログ等の電子メディアも含む）することは、法律で認められた場合を除き、著作者及び出版社の権利を侵害することになります。代行業者等の第三者に依頼して本書を電子データ化することも認められておりません。

ISBN 978-4-7916-2945-9